国家骨干高职院校
省级示范性高职院校 **建设项目成果**

Chengshi Guidao Jiaotong Gongcheng Jishu Zhuanye
Jiaoxue Biaozhun yu Kecheng Biaozhun

# 城市轨道交通工程技术专业教学标准与课程标准


广东交通职业技术学院 **组织编写**

王劲松 主　编
蒋英礼 邓子胜 副主编
阳军生 主　审



人民交通出版社

## 内 容 提 要

本书由广东交通职业技术学院组织编写。全书共包括两部分,分别为:城市轨道交通工程技术专业教学标准和城市轨道交通工程技术专业课程标准。

本书可用于指导城市轨道交通工程技术专业人才培养方案的设计与课程开发,还可作为该专业教材编写的参考资料。

**图书在版编目(CIP)数据**

城市轨道交通工程技术专业教学标准与课程标准 / 王劲松主编. —北京 : 人民交通出版社, 2011.6

ISBN 978-7-114-09069-1

Ⅰ. ①城… Ⅱ. ①王… Ⅲ. ①城市铁路—铁路工程—高等职业教育—教学参考资料 Ⅳ. ①U239.5-41

中国版本图书馆 CIP 数据核字(2011)第 077750 号

**书　　名:** 城市轨道交通工程技术专业教学标准与课程标准
**著 作 者:** 王劲松
**责任编辑:** 黎小东
**出版发行:** 人民交通出版社
**地　　址:** (100011) 北京市朝阳区安定门外外馆斜街 3 号
**网　　址:** http://www.ccpress.com.cn
**销售电话:** (010) 59757969, 59757973
**总 经 销:** 人民交通出版社发行部
**经　　销:** 各地新华书店
**印　　刷:** 北京市密东印刷有限公司
**开　　本:** 787 × 1092　1/16
**印　　张:** 6
**字　　数:** 138 千
**版　　次:** 2011 年 6 月　第 1 版
**印　　次:** 2011 年 6 月　第 1 次印刷
**书　　号:** ISBN 978-7-114-09069-1
**定　　价:** 20.00 元
(如有印刷、装订质量问题的图书由本社负责调换)

# 序

伴随着示范性高职院校建设、国家骨干高职院校建设的不断深入，校企合作的办学模式、工学结合的人才培养模式已形成共识，相应专业教学标准、课程标准的开发与建设，成为推动高职教育教学改革、提高高职教学质量的重中之重和聚焦点。

广东交通职业技术学院是一所行业办学特色鲜明的高职院校，形成了“公路、水路、轨道”三路并进的专业群布局。在2009年开展的广东省第一批示范性高职院校建设、2010年开展的国家第一批骨干高职院校建设之中，该院城市轨道交通工程技术专业均成为重点建设专业之一。开发组成员以科学发展观为指导，加强内涵建设，积极推进“合作办学、合作育人、合作就业、合作发展”的专业教育教学改革。

在专业教学标准与课程标准的制订过程中，开发组成员与行业企业密切合作，在对珠三角地区、国内轨道交通行业的人才需求数量和规格进行充分调研的基础上，明确专业定位，并借鉴了国内外高职教育先进专业教学和课程教学理论，以职业能力培养为核心，素质素养培养为根本，对专业教学进行了全面而系统的改革探索。

为总结城市轨道交通工程技术专业教学标准与课程标准的开发经验，特出版了《城市轨道交通工程技术专业教学标准与课程标准》。这也是广东交通职业技术学院省级示范性院校建设、国家骨干高职院校建设的重要成果之一。作为一种探索，希望这本书能为国内高职院校的专业建设与改革，特别是高职交通土建类专业建设与改革提供借鉴和参考，以促进兄弟院校间的交流与学习，共同在创新高等职业教育办学体制机制，深化教育教学改革，提高人才培养质量和办学水平，全面提升服务经济社会发展能力的有中国特色高等职业教育教学的创新与实践中，发挥应有的贡献。

是为序。

中南大学土木建筑学院隧道与地下工程系

2011年4月

# 前　言

随着我国城市化进程的加快，涵盖城市地铁、轻轨、区域城际轨道、高速铁路等领域的轨道交通，在全国掀起了建设高潮。目前，全国28个城市正在建设地铁。预计到2020年，运营线路将达到177条，总里程将达到6100公里。仅2010～2015年间，地铁投资额就将达11568亿元。在全国范围内，珠江三角洲轨道快速客运系统、长江三角洲轨道快速客运系统、环渤海圈轨道快速客运系统三大区域城际轨道交通网正在形成。《珠江三角洲地区改革发展规划纲要(2008～2020年)》提出，尽快建成珠江三角洲城际轨道交通网络，到2020年形成2200公里的"三环八射"轨道交通网络构架，覆盖珠三角所有县级以上城市。

为满足珠三角地区轨道交通的大发展对高素质高技能人才的需求，广东交通职业技术学院及时调整专业结构，对接2001年广州地铁2号线通车和深圳地铁首期开工，在土木工程类专业增设轨道工程施工选修课，并于2007年成功申报了城市轨道交通工程技术专业。在《珠江三角洲地区改革发展规划纲要(2008～2020年)》的颁布实施之际，学院瞄准地铁建设市场，在整合学院道路桥梁工程技术、机电一体化技术、公路运输与管理等传统优势专业的基础上，于2009年成立了城市轨道交通学院，共开设有城市轨道交通工程技术、城市轨道交通车辆、城市轨道运营管理、高速铁道技术等7个专业方向，形成了"以城市轨道交通工程技术专业为引领，向机电、运输方向拓展"的轨道交通专业群布局。城市轨道交通工程技术作为轨道交通专业群的引领专业，自开办以来一直是学院重点建设专业之一，2009年、2010年先后成为广东省示范性高职院校、国家骨干高职院校的重点建设专业之一。

为更好满足轨道交通施工企业岗位的职业能力、职业素养要求，在学院校企合作发展理事会的组织领导下，本书编写人员按照"合作办学、合作育人、合作就业、合作发展"的思路，携手轨道交通知名企业，开展了专业定位和人才需求调研，专业教学标准和课程标准的制定，优质核心课程、教学资源库、校内外实训实习基地建设、人才培养评价、学生综合素质培养、社会服务等工作。特别是专业教学标准和课程标准的制订与修订，通过在学校和企业召开专业标准与课程标准研讨会、企业及学校专家咨询、企业工地职业能力及素养调查、毕业生跟踪调查等多种方式相结合的方法，进一步确定了本专业的知识、能力、素质结构，对工程施工员、工程质检员、工程测量员、工程试验员、工程安全员等核心工作岗位的职业能力、职业素养要求，进行了归纳与总结，构建了《轨道交通工程测量》、《地下铁道施工技术》、《桥梁工程施工》、《轨道工程》、《选线与路基工程》、《轨道养护与维修》、《工程招投标与合同管理》、《施工组织与概预算》等8门专业核心课程为主体的课程体系，形成了城市轨道交通工程技术专业教学标准和19门专业课程的课程标准。

为总结专业教学标准、课程标准开发的经验，广东交通职业技术学院组织编写了本书。这也是城市轨道交通工程技术专业在国家骨干高职院校、省级示范性高职院校建设的重要成果之一。作为一种探索，希望该书能对深化以职业能力和职业素养培养为核心的专业改革，加强与兄弟院校的交流，共同促进中国高职教育事业的发展，提供借鉴和参考作用。

本书由广东交通职业技术学院王劲松担任主编；广东交通职业技术学院蒋英礼、邓子胜担任副主编；参与本书编写的还有广东交通职业技术学院的刘伟、刘灿、鲁雄飞、吴晶、吴璇华。

本书在编写过程中，得到了广东省铁路建设投资集团有限公司、广东省长大公路工程有限公司、广州地铁运营事业总部、广东源天工程公司、广东华隧建设股份有限公司、广州南方高铁测量技术有限公司等企业多位专家的大力支持和帮助。专家们对专业定位、专业标准、课程标准等提出了大量宝贵建议，对职业能力及素养调查、毕业生跟踪调查等工作提供了多方面的协助，在此对他们的辛勤付出表示衷心的感谢！

本书由中南大学土木工程学院隧道与地下工程系阳军生教授担任主审。阳教授对本书编写也提出了许多宝贵的建设性建议，并作序。在此同表谢忱！

由于作者的水平和经验有限，本书难免存在不足和疏漏之处，盼各界人士指正。读者可将宝贵意见或建议发电子邮件到 591914728@ qq. com。

编　者

2011 年 4 月

# 目　　录

**城市轨道交通工程技术专业教学标准** ………………………… 1
**城市轨道交通工程技术专业课程标准** ………………………… 14
《轨道交通工程测量》课程标准 ………………………… 14
《工程制图与 CAD》课程标准 ………………………… 19
《土木工程材料》课程标准 ………………………… 22
《城市轨道交通概论》课程标准 ………………………… 26
《建筑力学》课程标准 ………………………… 30
《工程地质》课程标准 ………………………… 34
《土力学与地基基础》课程标准 ………………………… 38
《建筑构造》课程标准 ………………………… 42
《钢筋混凝土结构》课程标准 ………………………… 45
《工程监理》课程标准 ………………………… 49
《选线与路基工程》课程标准 ………………………… 52
《轨道工程》课程标准 ………………………… 55
《工程招投标与合同管理》课程标准 ………………………… 59
《地下铁道施工技术》课程标准 ………………………… 63
《桥梁工程施工》课程标准 ………………………… 67
《施工组织与概预算》课程标准 ………………………… 73
《轨道养护与维修》课程标准 ………………………… 77
《工程爆破》课程标准 ………………………… 81
《交通建设安全法律法规》课程标准 ………………………… 84

# 城市轨道交通工程技术专业教学标准

【专业名称】

城市轨道交通工程技术

【专业代码】

520303

【教育类型及学历层次】

教育类型:高等职业教育

学历层次:大专

【入学要求条件】

高中毕业生或同等学历者

【学制】

全日制三年,工学结合

【培养目标】

本专业是国家首批骨干高职院校、广东省首批省级示范性院校重点建设专业,培养德、智、体、美全面发展,具有实事求是、精益求精、团结协作等职业素养,掌握城市轨道交通工程、交通土建工程方面的专业知识和技能,能胜任地铁、轻轨和城际快速轨道、道路桥梁、隧道地下、市政等工程项目的设计、施工、监理、养护及管理等职业岗位,特别是在工程建设一线的施工技术、质量检测、施工测量、现场管理、工程监理、养护维修的工程实用型高技能人才。

毕业生实行毕业证书和专业技能证书"双证书"制度,应具备轨道交通、交通土建等工程的施工员、质检员、测量员、试验员、检测员、造价员、安全员、监理员和资料员的基本技能。

【职业面向及职业能力要求】

**1.职业面向**

主要就业单位:学生毕业后主要在地铁、轻轨、城际快速轨道、道路桥梁、隧道地下工程、基础工程、市政工程等相关的设计、施工、监理企业及相关事业单位、管理部门,从事土木工程的设计、施工、试验检测、监理、养护等技术或管理工作。

可从事的工作岗位:学生毕业后即可胜任地铁、轻轨、城际快速轨道、道路桥梁、隧道地下工程、基础工程、市政工程等工程建设一线的施工员、质检员、测量员、试验员、检测员、监理员、预算员、资料员、养护员等岗位,五年实践锻炼后能力突出者可胜任工程项目部技术负责人、中小型项目的项目经理等技术和管理岗位。

| 序号 | 核心工作岗位及相关工作岗位 | 岗 位 描 述 | 职业能力要求及素质 |
|---|---|---|---|
| 1 | 工程施工员（核心岗位） | 1. 铁路路基及其附属工程施工；<br>2. 轨道施工；<br>3. 桥梁及涵洞施工；<br>4. 地铁车站及隧道施工；<br>5. 地基及基础施工；<br>6. 工程计量 | 1. 有良好的组织协调能力，能较好地与项目部领导、相关管理人员及现场施工工人进行沟通；<br>2. 精通铁路施工的各道工序；<br>3. 精通各道工序的质量检测和验收流程；<br>4. 根据现场具体状况选择适当的施工方案的能力，并能独立编制相应的施工方案；<br>5. 能够填报、整理施工资料 |
| 2 | 工程质检员（核心岗位） | 1. 铁路路基及其附属工程检测；<br>2. 轨道检测；<br>3. 桥梁及涵洞检测；<br>4. 隧道检测；<br>5. 地基及基础检测 | 1. 有良好的组织协调能力，能较好地与项目部领导、相关管理人员进行沟通；<br>2. 熟悉铁路施工的各道工序；<br>3. 精通各道工序的质量检测和验收流程；<br>4. 精通工程项目工程质量控制的各种手段及方法；<br>5. 能编制相应的检测计划和质量保证措施；<br>6. 能够出具验收资料 |
| 3 | 工程测量员（核心岗位） | 1. 工程地形测绘；<br>2. 铁路路基及其附属工程施工放样；<br>3. 铁路线路施工放样；<br>4. 桥梁及涵洞施工放样；<br>5. 隧道施工监测；<br>6. 控制网布设；<br>7. 线路复测、竣工测量、变形观测；<br>8. 基础施工放样 | 1. 有良好的组织协调能力，能较好地与项目部领导、相关管理人员及现场施工工人进行沟通；<br>2. 熟悉铁路施工的各道工序；<br>3. 精通水准仪、全站仪、GPS 测量仪及测量软件的操作；<br>4. 精通距离、角度、高程、方向的测量方法；<br>5. 精通铁路各种结构物的施测方法；<br>6. 并能编制相应的测量计划、复测报告、测量施工资料和竣工测量报告 |
| 4 | 工程试验员（核心岗位） | 1. 工程材料的检验；<br>2. 铁路各道工序验收的检测 | 1. 熟悉各种材料的技术指标试验方法；<br>2. 精通各种检测仪器的操作；<br>3. 精通工程材料、工序验收的检测方法；<br>4. 能出具相应的试验检测报告 |
| 5 | 工程安全员 | 1. 工程施工中的各种安全管理；<br>2. 工程各工序施工的安全措施；<br>3. 定期的安全检查 | 1. 熟悉工程各工序施工的安全隐患及安全措施；<br>2. 精通安全生产管理的各种规定；<br>3. 熟悉各种安全应急措施 |
| 6 | 工程现场技术主管（核心岗位） | 1. 施工单位项目部部门以上的负责人；<br>2. 建设单位、工程管理单位的现场代表 | 1. 有良好的组织协调能力，能较好地与项目部领导、相关管理人员及现场施工工人进行有效沟通；<br>2. 熟悉铁路施工、测量、试验检测、概预算、物资采购、机械设备的基本知识 |
| 7 | 工程养护管理（相关岗位） | 1. 测评铁路技术状况；<br>2. 铁路工程运营阶段的保养、维修及加固 | 1. 熟悉铁路养护施工、测量、试验检测的基本知识；<br>2. 精通铁路养护施工的各道工序及其施工、验收方法；<br>3. 精通竣工资料的具体要求 |
| 8 | 工程监理员（相关岗位） | 1. 监理部现场监理；<br>2. 工程监理资料整理 | 1. 熟悉工程施工、测量、试验检测、概预算、物资采购、机械设备的基本知识；<br>2. 精通工程施工的各道工序及其施工、验收方法；<br>3. 精通工程质量、进度、投资的监理方法，以及合同管理、招投标的管理方法及相关软件的操作；<br>4. 能整理相关的工程监理资料 |

续上表

| 序号 | 核心工作岗位及相关工作岗位 | 岗位描述 | 职业能力要求及素质 |
|---|---|---|---|
| 9 | 工程资料员（相关岗位） | 1. 工程施工资料整理；<br>2. 工程监理资料整理 | 1. 熟悉铁路施工、测量、试验检测的基本知识；<br>2. 精通工程施工的各道工序及其施工、验收方法；<br>3. 精通竣工资料的具体要求 |
| 10 | 合约管理（相关岗位） | 1. 工程合同管理；<br>2. 工程招投标 | 1. 精通工程质量、进度、投资、合同、招投标的管理方法及相关软件的操作；<br>2. 熟悉工程建设相关的法律法规 |
| 11 | 地基处理（相关岗位） | 1. 一般地基处理；<br>2. 特殊地基处理 | 1. 熟悉岩土工程基本知识及相关规范标准；<br>2. 精通各种软基处理的施工方法、工艺流程及验收标准；<br>3. 熟悉饱和软黏土、岩溶等特殊地基处理；<br>4. 熟悉软基施工机械的性能；<br>5. 能够根据现场条件制订适合的软基处理施工方案 |

**2. 能力结构总体要求**

| 专业能力 | 社会能力 | 方法能力 |
|---|---|---|
| 1. 具有识读和绘制工程施工图的能力；<br>2. 熟悉常见的工程材料的性质及检测；<br>3. 精通工程施工的相关工序、施工方法、验收标准及方法；<br>4. 具备初步的路线设计能力；<br>5. 精通工程施工测量和竣工放样；<br>6. 具备铁路工程养护维修管理的能力；<br>7. 具备铁路工程现代化施工组织管理的能力；<br>8. 具备软基处理施工的能力；<br>9. 具备基本的计算机操作能力和相关专业软件的应用能力；<br>10. 熟悉铁路工程相关的强制性标准、规范及规程的种类、应用方法 | 1. 具有良好的职业道德，吃苦耐劳、踏实肯干，适应铁路施工艰苦工作环境的特点，体现“铺路石”精神；<br>2. 具有良好的人际交流和沟通能力；<br>3. 具有良好的团队合作精神和服务意识；<br>4. 具有强烈的安全意识 | 1. 制订工作计划能力；<br>2. 解决实际问题能力；<br>3. 逻辑思维能力和工程计算能力；<br>4. 独立学习新知识、新技术的能力 |

**3. 核心岗位资格证书**

本专业毕业生实行“双证书”制。学生在校期间不仅要完成本专业所开设课程的学习，获得毕业证书；除全国高校英语应用能力等级（A）证书、全国计算机等级（一级）证书外，还要参加相应的职业技能考核，至少考取一项下列与专业职业能力相对应的职业资格（技能）证书：

| 序　号 | 职业资格证书名称 | 颁证单位 | 等级 | 备注 |
|---|---|---|---|---|
| 1 | 工程测量工 | 广东省交通行业职业技能鉴定所 | 中级 | 必考 |
| 2 | 广东省 Auto CAD 中级绘图员 | 广东省住房和城乡建设厅 | 中级 | 选考 |
| 3 | 中级试验工 | 广东省交通行业职业技能鉴定所 | 中级 | 选考 |
| 4 | 桥隧工、养护工 | 广州铁路集团 | 中级 | 选考 |
| 5 | 工程测量工 | 广东省交通行业职业技能鉴定所 | 高级 | 选考 |

【典型的工作任务及其职业能力分析】

| 工作项目 | 工作任务 | 职业能力 |
| --- | --- | --- |
| 1 路基施工 | 1.1 软基处理 | (1)熟练掌握测量放样；<br>(2)熟悉软基处理的施工方案与施工方法；<br>(3)能按设计要求执行软基处理施工工序；<br>(4)熟悉软基的施工质量检测控制方法；<br>(5)了解工程地质条件 |
| | 1.2 路基填筑 | (1)熟练掌握路基填方断面测量放样；<br>(2)掌握路基填筑原材料检测的方法和内容；<br>(3)熟悉施工工艺和质量控制指标；<br>(4) 了解施工机械的性能和操作规程 |
| | 1.3 路堑开挖 | (1)熟练掌握路基路堑断面测量放样；<br>(2)熟悉路堑开挖施工工艺和质量控制指标；<br>(3)了解路基工程地质条件；<br>(4)了解石方爆破技术、熟悉安全操作技术规程 |
| | 1.4 防护工程砌筑 | (1)熟练掌握防护工程测量放样；<br>(2)熟悉防护工程原材料检测；<br>(3)熟悉施工工艺和质量控制指标；<br>(4)了解工程地质条件要求 |
| | 1.5 路基排水设施施工 | (1)能按技术规范（规程）完成排水设施施工放样；<br>(2)掌握地面排水设施的施工工艺及方法；<br>(3)掌握地下排水设施的施工工艺及方法；<br>(4)能按技术规范（规程）完成排水设施施工及质量控制 |
| | 1.6 路基工程计量 | (1)熟悉路基工程施工组织设计、施工预算与工程量清单；<br>(2)熟悉路基工程计量范围、细目、内容与条款；<br>(3)熟练掌握进行路基工程计量与工程结算 |
| 2 轨道施工 | 2.1 基层（垫层）施工 | (1)能编制铁路路基基层施工组织设计；<br>(2)熟悉铁路路基基层施工前的检测内容；<br>(3)熟练掌握铁路路基基层测量放样、路面基层材料试验及配合比设计、铁路路基基层施工及质量控制；<br>(4)熟悉基层施工机械性能和操作程序 |
| | 2.2 无砟轨道施工 | (1)能编制无砟轨道施工组织设计；<br>(2)熟悉无砟轨道施工前的检测内容；<br>(3)熟练掌握预制轨道板、现场浇筑轨道板的施工及质量控制；<br>(4)熟悉预制轨道板精调操作程序 |
| | 2.3 CA 砂浆施工 | (1)能编制 CA 砂浆灌注、施工组织设计；<br>(2)熟悉水泥混凝土路面施工前的检测内容；<br>(3)熟练掌握 CA 材料试验及配合比设计、CA 砂浆施工及质量控制 |
| | 2.4 有砟轨道施工 | (1)能编制有砟轨道施工组织设计；<br>(2)熟悉有砟轨道施工前的检测内容；<br>(3)熟练有砟轨道施工程序及施工质量控制 |
| 3 桥涵施工 | 3.1 基础施工 | (1)熟练掌握测量放样；<br>(2)知道扩大基础、常用桩基等构筑物的施工方法、工艺及各项工序质量控制要点；<br>(3)了解基础施工机械的性能和操作规程；<br>(4)初步认知基础工程地质条件 |

续上表

| 工作项目 | 工作任务 | 职业能力 |
| --- | --- | --- |
| 3 桥涵施工 | 3.2 桥涵构件预制和安装 | (1)熟练掌握测量放样;<br>(2)知道模板制作和安装的技术要求;<br>(3)知道钢筋的加工以及钢筋骨架制作和安装的技术要求;<br>(4)能进行混凝土配合比设计与浇筑工艺质量控制;<br>(5)知道预应力施工工艺和工序质量控制方法;<br>(6)能组织进行安装设备拼装与应用 |
| | 3.3 现浇工程施工 | (1)熟练掌握测量放样;<br>(2)能进行支架与模板的设计与计算,并熟悉安装工艺;<br>(3)熟悉钢筋的加工以及钢筋骨架制作和安装的技术要求;<br>(4)能进行混凝土配合比设计与浇筑工艺的质量控制;<br>(5)熟悉预应力施工工艺和工序质量控制方法 |
| | 3.4 钢结构施工 | (1)熟练掌握测量放样;<br>(2)知道结构钢的工程力学特性和机械性能;<br>(3)知道钢构件加工、连接和组装的施工工艺以及质量控制标准 |
| | 3.5 桥涵工程计量 | (1)熟悉桥涵工程施工组织设计、施工预算与工程量清单;<br>(2)熟悉桥涵工程计量范围、细目、内容与条款;<br>(3)能完成桥涵工程计量与工程结算 |
| 4 隧道及地下工程施工 | 4.1 地铁车站施工 | (1)熟悉地铁车站各种施工方法及编制各种方法的施工组织方案;<br>(2)熟悉地铁车站基坑支护设计、施工;<br>(3)熟悉地铁车站盾构始发井、到达井设计及施工 |
| | 4.2 隧道施工 | (1)熟悉各种隧道施工方法及编制各种施工方法的施工组织方案;<br>(2)熟悉隧道新奥法原理及施工要点;<br>(3)熟悉地铁盾构机的选择、盾构法施工;<br>(4) 熟悉各种施工辅助方法;<br>(5)熟悉隧道通风、照明等辅助作业 |
| 5 工程施工组织与管理 | 5.1 工程招投标与合同管理 | (1)熟悉建设工程招投标的程序及相关法规;<br>(2)能编制工程招标文件和投标文件;<br>(3)熟悉工程施工合同文件 |
| | 5.2 现场施工组织 | (1)熟悉现场施工准备的内容和流程,能选择施工方案、编制施工组织设计;<br>(2)具有施工组织、质量管理、现场协调能力;<br>(3)熟悉工程竣工的实施内容和程序 |
| | 5.3 专业软件应用 | (1)熟练掌握投标施工组织设计编制软件;<br>(2)熟练掌握合同管理软件;<br>(3)熟练掌握概预算编制软件 |
| 6 铁路养护与管理 | 6.1 路基工程保养、维修及加固 | (1)能完成路况调查与测评;<br>(2)熟悉养护材料性能与检测;<br>(3)能正确选择养护方案;<br>(4)掌握养护施工及质量控制技术;<br>(5)掌握养护机械的选择 |
| | 6.2 轨道保养、维修及加固 | |

续上表

| 工作项目 | 工作任务 | 职业能力 |
| --- | --- | --- |
| 6　铁路养护与管理 | 6.3　桥涵工程保养、维修及加固 | |
| | 6.4　隧道工程保养、维修及检测 | |
| | 6.5　铁路沿线设施保养、维修及加固 | |
| 7　安全管理 | 7.1　施工场地安全管理 | (1)熟悉我国交通建设安全法律法规;<br>(2)能正确识别危险源;<br>(3)掌握施工过程中的紧急事故应急处理;<br>(4)熟悉施工方案以指导施工安全管理 |
| | 7.2　施工机电安全管理 | |
| | 7.3　施工事故紧急及应急处理 | |
| 8　工程监理 | 工程施工现场监理 | (1)熟悉工程监理的地位、任务及作用;<br>(2)掌握各种监理的手段,能胜任工程施工的现场监理;<br>(3)能编制工程监理大纲;<br>(4)掌握工程监理资料的收集编制与管理 |

【培养方案框架体系】

**1. 培养方案制订和实施过程中的6个原则**

铁路、地铁施工具有技术性强、实践性强的特点,而且工地流动性大,工作中风吹日晒雨淋工作环境恶劣。因此,在培养方案制订时,就充分考虑这些特点,并针对用人单位反映的高职学生发展潜力不足问题,设置一些专业能力培养的课程。以下是本专业培养方案制订和实施过程中的6个原则:

(1)《珠江三角洲地区改革发展规划纲要(2008—2020)》提出建立"开放的现代综合交通运输体系"。因此,本方案应充分考虑广东区域发展规划和交通大省强省的行业优势对高技能人才的需求,并针对华南地区高温多雨、水网纵横、珠三角地区软基普遍存在等工程建设特点。

(2)铁路、地铁工程形式千变万化,地质条件极其复杂,且工作过程中技术性和非技术性工作相互交织,因而各个岗位的工作过程不可能面面俱到,只能选取典型的教学情境来教学。

(3)本专业灵活对接企业需求,结合轨道工程特点,实施"工学交替,岗位轮换牢固2年基础;灵活对接企业需求,订单与短训相结合,做活1年项目实训"人才培养模式——面向知名大企业实施"订单教学,顶岗培养",面向中小型企业实施"岗前短训,顶岗培养"。在教学中,注重学生实际操作能力培养,做到理实一体,并通过课时实习、校内综合实训/工地专业实习、校外顶岗实习等形式加强实践教学。

(4)由于铁路、地铁施工属于技术性强、责任重大、管理复杂、相关影响因素众多的艰苦行业、高危行业。因此,在培养过程中,特别要强调学生的职业道德和职业能力,要培养学生严谨认真、踏实负责、吃苦耐劳、团结协作、精益求精的作风,并将"铺路石"精神始终贯穿于专业人才培养的全过程。

(5)通过在课外活动、社团活动及社会实践中培养学生与人合作的能力、有效人际沟通的能力,为学生日后的职业发展奠定品格基础。

(6)设置必要的能力型及行业前沿高端的课程,培养学生的创新精神和可持续发展能力。

**2. 体系架构与课程路线**

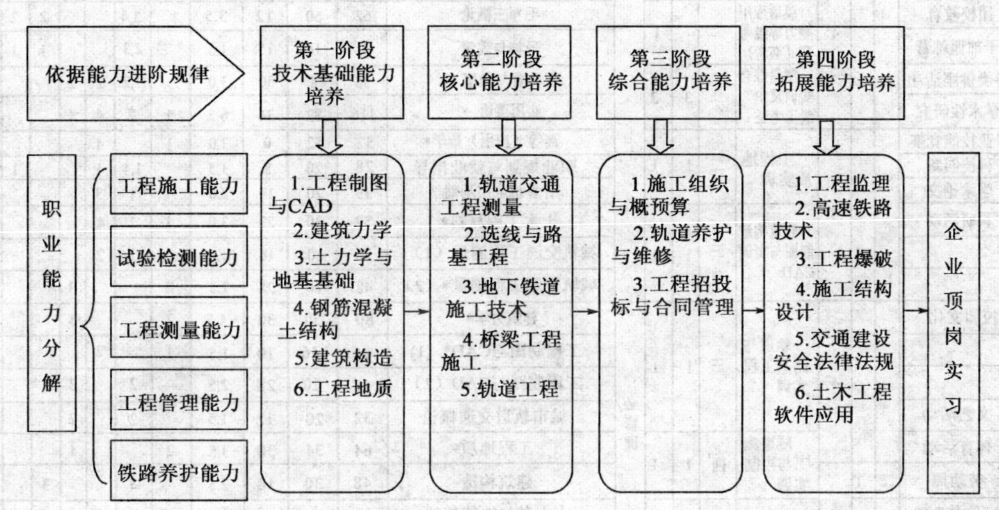


**3. 课程结构**

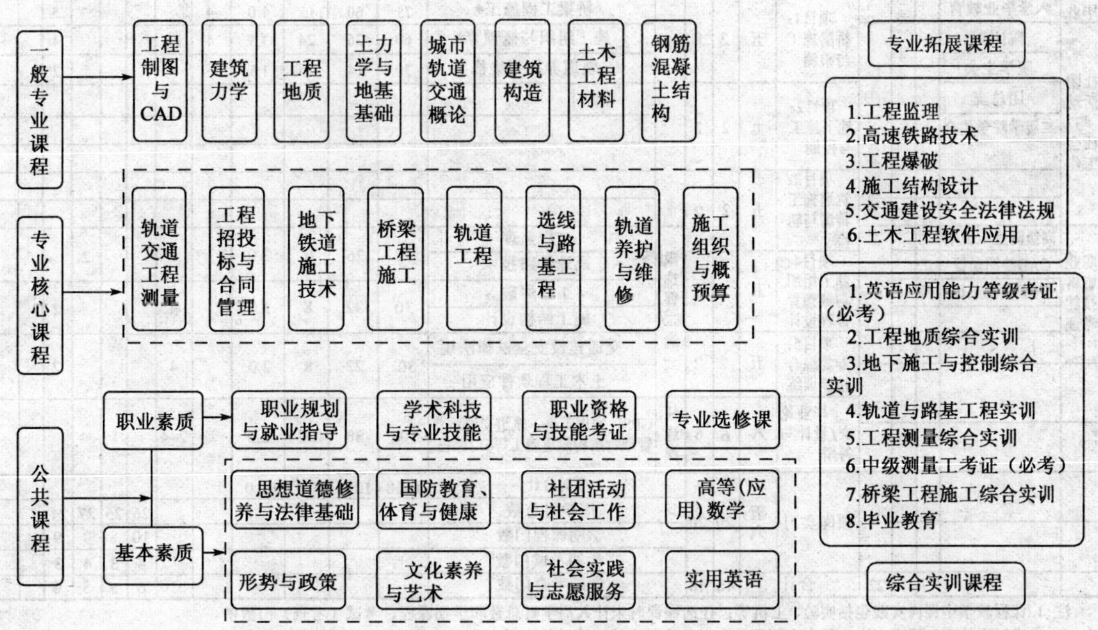

## 4. 课程方案

**素质教育**

| 类别 | 素质教育名称 | 学期 | 周数 | 学分 |
|---|---|---|---|---|
| 思想政治与道德素养 | 党校学习 | | | 4 |
| | 党章学习 | | | |
| | 团校教育 | | | |
| | 干部训练营 | | | |
| | 各类讲座活动 | | | |
| 学术科技与专业技能 | 学术性研究 | | | 4 |
| | 专业技能竞赛 | | | |
| | 科技创新 | | | |
| | 学术论文 | | | |
| | 科研活动 | | | |
| 文化素养体育艺术 | 校园文化 | | | 4 |
| | 文艺活动 | | | |
| | 体育活动 | | | |
| 社会实践与志愿服务 | 劳动周 | 二 | 1 | 4 |
| | 创业实践周 | | | |
| | 义务献血 | | | |
| | 社会实践志愿者 | | | |
| 国防教育入学毕业 | 新生军事训练 | | | 5 |
| | 国防教育 | | | |
| | 入学毕业教育 | | | |
| 社团活动与社会工作 | 院团委 | | | |
| | 院学生会 | | | |
| | 团总支 | | | |
| | 二级学院学生会 | | | |
| 职业资格技能考证 | 高级测量工证书 | 二 | | 1 |
| | CAD绘图员证 | 二 | | |
| | 高级试验工证 | 四 | | |
| 合计 | | | | 22 |

**综合实训**

| 综合实训名称 | 学期 | 周数 | 学分 |
|---|---|---|---|
| 计算机等级考证（必考） | 一 | | 1 |
| 英语应用能力等级考证（必考） | 二 | | 1 |
| 测量综合实训及中级工考证 | 二 | 3 | 3 |
| 工程地质实训 | 二 | 1 | 1 |
| 建筑构造制图与实训CAD | 三 | 1 | 1 |
| 轨道与路基工程实训 | 三 | 1 | 1 |
| 隧道施工与控制实训 | 四 | 1 | 1 |
| 桥梁施工与检测实训 | 四 | 1 | 1 |
| 城轨线路工或桥隧工或养护工考证 | 五 | 2 | 2 |
| 项目1：桥梁施工与检测 | 五 | 2 | 2 |
| 项目2：地下施工与控制 | 五 | 2 | 2 |
| 项目3：轨道施工精调与轨检 | 五 | 2 | 2 |
| 项目4：施工组织与概预算课程设计 | 五 | 2 | 2 |
| 项目5：专业综合技能训练 | 五 | 2 | 2 |
| 毕业论文/设计与答辩 | 六 | 6 | 6 |
| 顶岗实习 | 五，六 | 20 | 20 |
| 合计 | | 46 | 48 |

**课程教学**

| 课程性质 | 课程名称 | 教学时数 小计 | 理论教学 | 课内实践 | 学分 | 考核 考试学期 | 考查学期 | 一 1（13周） | 一 2（16周） | 二 3（16周） | 二 4（15周） | 三 5 | 三 6 |
|---|---|---|---|---|---|---|---|---|---|---|---|---|---|
| | | | | | | | | 各课程每周学时数 | | | | | |
| 必修课 | 修养与法律基础（含廉洁修身） | 58 | 44 | 14 | 3.0 | | 1,2 | 2 | 2 | | | | |
| | 军事理论与形势政策 | 26 | 22 | 4 | 1.5 | | 1 | 2 | | | | | |
| | 毛邓三概论 | 62 | 50 | 12 | 3.5 | | 3,4 | | | 2 | 2 | | |
| | 形势与政策 | 31 | 16 | 15 | 1.5 | | 2,3 | | | 1 | 1 | | |
| | 体育与健康 | 58 | 8 | 50 | 3.0 | | 1,2 | 2 | 2 | | | | |
| | 实用英语 * | 116 | 82 | 34 | 6.5 | 1 | 2 | 4 | 4 | | | | |
| | 高等（应用）数学* | 52 | 52 | 0 | 3.0 | 1 | | 4 | | | | | |
| | 职业规划与就业指导 | 28 | 20 | 8 | 1.5 | | 1,4 | 1 | | | 1 | | |
| | 计算机应用基础 | 39 | 20 | 19 | 2.0 | | 1 | 3 | | | | | |
| | 土木工程材料* | 52 | 30 | 22 | 3.0 | 1 | 1 | 4 | | | | | |
| | 城轨交通工程测量（1） | 26 | 10 | 16 | 1.5 | | 1 | 2 | | | | | |
| | 城轨交通工程测量*（2） | 48 | 20 | 28 | 2.5 | 2 | | | 3 | | | | |
| | 建筑力学* | 80 | 50 | 30 | 4.5 | 2 | | | 5 | | | | |
| | 工程制图与CAD*（1） | 26 | 16 | 10 | 1.5 | 1 | | 2 | | | | | |
| | 工程制图与CAD（2） | 48 | 20 | 28 | 2.5 | | 2 | | 3 | | | | |
| | 城市轨道交通概论 | 32 | 20 | 12 | 1.5 | | 2 | | 2 | | | | |
| | 工程地质* | 64 | 34 | 30 | 3.5 | 2 | | | 4 | | | | |
| | 建筑构造 | 48 | 30 | 18 | 2.5 | | 3 | | | 3 | | | |
| | 土力学与地基基础* | 64 | 36 | 28 | 3.5 | 3 | | | | 4 | | | |
| | 钢筋混凝土结构* | 64 | 40 | 24 | 3.5 | 3 | | | | 4 | | | |
| | 选线与路基工程* | 64 | 36 | 28 | 3.5 | 3 | | | | 4 | | | |
| | 轨道工程* | 64 | 40 | 24 | 3.5 | 3 | | | | 4 | | | |
| | 工程招投标与合同管理 | 48 | 30 | 18 | 2.5 | | 3 | | | 3 | | | |
| | 地下铁道施工技术* | 75 | 60 | 15 | 4.0 | 4 | | | | | 5 | | |
| | 桥梁工程施工* | 75 | 60 | 15 | 4.0 | 4 | | | | | 5 | | |
| | 施工组织与概预算* | 60 | 36 | 24 | 3.5 | 4 | | | | | 4 | | |
| | 轨道养护与维修 | 30 | 14 | 16 | 1.5 | | 4 | | | | 2 | | |
| 限选课二选一 | 工程监理<br>高速铁路技术 | 32 | 26 | 6 | 2.0 | | 3 | | | 2 | | | |
| | 工程爆破<br>施工结构设计 | 30 | 22 | 8 | 2.0 | | 4 | | | | 2 | | |
| | 交通建设安全法律法规<br>土木工程软件应用 | 30 | 22 | 8 | 2.0 | | 4 | | | | 2 | | |
| 任选课 | GPS、实用英语、轨道交通运营管理、盾构隧道施工等6门课程 | 108 | 88 | 20 | 6.0 | | 2~4 | | | | | | |
| | 学时合计 | 1638 | 1054 | 584 | 90.0 | | | | | | | | |
| | 周学时总数 | | | | | | | 26 | 25 | 27 | 24 | | |
| | 学期课程门数 | | | | | | | 10 | 8 | 9 | 9 | | |
| | 学期考试门数 | | | | | | | 4 | 3 | 4 | 3 | | |
| | 学期考查门数 | | | | | | | 6 | 5 | 5 | 6 | | |

注：1. 课程教学中课内实践包括实验、上机等；任选课课时未计入周学时总数和学期课程、考试（考查）门数中。

2. "健康教育"等系列讲座新生在军训和入学教育时安排，廉洁修身课和保密教育课，并入思想道德修养与法律基础课程，不另计学分。

3. 带*的课程为考试课。

4. 项目训练、毕业论文应根据实际情况，部分学生安排在第5学期，部分学生安排在第6学期。

**【学习领域主要课程基本要求】**

根据工程建设一线岗位对知识和能力的要求设置相应的学习领域,课程教学中将理论与实践融为一体,构建理实一体的专业课程体系,见下表。每门课程的职业能力要求中均包括"铺路石"品格(严谨认真、踏实负责、吃苦耐劳、团结协作、精益求精)。

| 学习领域课程 | 学期 | 参考学时 | 职业能力要求 | 学习目标 | 学习内容 |
|---|---|---|---|---|---|
| 1. 轨道交通工程测量 | 1、2 | 74 | 1."铺路石"品格;<br>2. 能完成轨道、路桥等土木工程的工程勘测、工程控制测量、工程施工放样等工作 | 1. 能熟练操作水准仪、全站仪、GPS 接收机等现代测量仪器;<br>2. 掌握水准测量、简单地形测量、水平及高程控制网布设的方法与计算;<br>3. 掌握线路测设、路基施工、轨道精调的方法;<br>4. 理解地下工程施工及桥梁工程施工方法;<br>5. 理解工程变形监测的基本方法 | 1. 仪器保养和操作规定;<br>2. 普通水准测量;<br>3. 导线测量;<br>4. 四等水准高程测量;<br>5. GPS 静态平面定位;<br>6. 轨道中线、断面测量;<br>7. 轨道路基放样及轨道精调;<br>8. 隧道施工测量;<br>9. 桥梁施工测量;<br>10. 变形监测 |
| 2. 工程制图与 CAD | 1、2 | 74 | 1. 掌握工程制图基本知识;<br>2. 掌握 Auto CAD 软件的应用;<br>3. 了解现行的国家制图标准及相关规定;<br>4. 具有一定的空间想象和分析能力,能够识读工程图样 | 1. 工程制图的基本规则;<br>2. 投影作图基本知识;<br>3. 专业制图基本知识;<br>4. Auto CAD 软件使用 | 1. 工程制图基本知识;<br>2. 点、线、面的投影;<br>3. 平面体的投影;<br>4. 剖面图和断面图;<br>5. Auto CAD 软件绘图 |
| 3. 土木工程材料 | 1 | 52 | 1."铺路石"品格;<br>2. 熟悉工程中各种材料的性能,材料进场的选择和把关;<br>3. 能完成工程施工中原材料的检测任务 | 1. 掌握各种材料的检测项目及检测方法;<br>2. 熟悉相关的检测设备及仪器;<br>3. 掌握试验检测报告的填写及规定 | 1. 砂石材料;<br>2. 石灰和水泥;<br>3. 砂浆、水泥混凝土;<br>4. 沥青和沥青混合料;<br>5. 钢材和木材 |
| 4. 城市轨道交通概论 | 2 | 32 | 1."铺路石"品格;<br>2. 对城市轨道交通工程中的各个系统有个全面、初步的认识 | 1. 掌握轨道交通的基础知识;<br>2. 了解轨道交通行业领域 | 1. 城市轨道交通的规划与建设;<br>2. 城市轨道交通线路与车站;<br>3. 城市轨道交通车辆;<br>4. 城市轨道交通供电系统;<br>5. 城市轨道交通信号与通信设备;<br>6. 城市轨道交通的运营管理 |
| 5. 建筑力学 | 2 | 80 | 1."铺路石"品格;<br>2. 能设计简单施工的施工支撑体系,并验算其强度、刚度和稳定性;<br>3. 在施工过程中运用力学知识,避免工程质量和安全事故 | 1. 掌握杆件、梁、简单结构的受力分析、计算,能绘制受力图;<br>2. 分析杆件、梁、简单结构的强度、刚度、稳定性;<br>3. 培养学生力学思维的习惯 | 1. 静力学基本概念、一般构件的受力分析,受力图的绘制方法;<br>2. 力系平衡原理及计算方法;<br>3. 杆件强度、刚度和稳定性的概念与计算压杆稳定计算;<br>4. 梁的应力及强度计算;<br>5. 静定结构的组成、内力分析及位移计算;<br>6. 力法计算超静定结构 |

续上表

| 学习领域课程 | 学期 | 参考学时 | 职业能力要求 | 学习目标 | 学习内容 |
| --- | --- | --- | --- | --- | --- |
| 6. 工程地质 | 2 | 64 | 1. "铺路石"品格；<br>2. 能现场识别各种不良工程地质；<br>3. 能对地质灾害进行常规处置 | 1. 掌握工程地质基础知识；<br>2. 熟悉常见地质灾害的预防措施 | 1. 岩石和土的种类、性质与鉴定方法；<br>2. 地质构造、地形地貌；<br>3. 水的地质作用；<br>4. 常见地质灾害 |
| 7. 土力学与地基基础 | 3 | 64 | 1. "铺路石"品格；<br>2. 能读懂一般的地质资料报告；<br>3. 能评价路基的稳定性和桥涵地基质量；<br>4. 能对不同的软基选择适当的处理方案并能指导施工 | 1. 掌握地基土的强度及沉降；<br>2. 掌握土压力计算；<br>3. 掌握岩土边坡的稳定性、软弱地基的处理；<br>4. 掌握土工试验的方法 | 1. 土的物理性质及工程分类、土体中的应力分布；<br>2. 土的压缩与变形、土的强度与地基承载力；<br>3. 抗剪强度与土坡稳定、挡土墙及土压力；<br>4. 浅基础、桩基础、基坑工程；<br>5. 软土处理；<br>6. 岩土工程勘察 |
| 8. 建筑构造 | 3 | 48 | 1. 掌握建筑构造组成和施工方法；<br>2. 培养施工图识图能力，为后续专业课的学习打下基础 | 1. 民用建筑构造的基本知识；<br>2. 民用建筑构造的基本施工方法 | 1. 民用建筑构造的基本知识；<br>2. 基础与地下室构造；<br>3. 墙体构造、楼板与地面构造、窗与门构造；<br>4. 楼梯构造、屋顶构造；<br>5. 变形缝构造 |
| 9. 钢筋混凝土结构 | 3 | 64 | 1. 理解钢筋混凝土结构基本计算原理；<br>2. 熟悉我国混凝土规范的有关规定及构造要求，并具有一定的解决实际工程问题的能力 | 1. 钢筋混凝土结构基本知识；<br>2. 钢筋混凝土基本构件的受力特点和计算原理；<br>3. 预应力混凝土构件基本知识等 | 1. 混凝土和钢筋材料性能；<br>2. 钢筋混凝土结构设计方法；<br>3. 钢筋混凝土受弯构件正截面抗弯承载力、斜截面抗剪承载力计算；<br>4. 钢筋混凝土受压构件抗压承载力计算；<br>5. 钢筋混凝土构件持久状况正常使用极限状态计算；<br>6. 预应力混凝土结构计算 |
| 10. 工程监理 | 3 | 32 | 1. "铺路石"品格；<br>2. 能从事轨道、路桥等土木工程施工监理工作 | 1. 掌握工程监理的基本概念；<br>2. 理解工程项目建设监理组织；<br>3. 能够制订工程建设监理规划；<br>4. 熟悉施工阶段的监理内容与方法；<br>5. 熟悉工程监理的组织、协调与管理工作 | 1. 工程监理相关术语、概念；<br>2. 工程项目监理组织机构；<br>3. 工程建设监理规划方法；<br>4. 施工监理；<br>5. 工程建设监理的组织与协调及文件管理 |

续上表

| 学习领域课程 | 学期 | 参考学时 | 职业能力要求 | 学习目标 | 学习内容 |
|---|---|---|---|---|---|
| 11. 选线与路基工程 | 3 | 64 | 1."铺路石"品格；<br>2. 掌握线路选线设计、勘察、工程施工等相关知识，能进行轨道交通工程的路基施工、监理、监测等工作 | 1. 掌握路基纵横断面设计的方法；<br>2. 根据路基土石方数量能进行合理调配，并能根据现场情况实施土石方的机械化作业；<br>3. 掌握路基的施工放样、填筑指导、路基排水、防治及加固等技术；<br>4. 能编制路基的冬雨季施工方案 | 1. 铁路选线设计；<br>2. 路基纵横断面设计及路基稳定性检算；<br>3. 路基施工，机械化作业；<br>4. 路基排水的方法；<br>5. 路基防护与加固建筑物施工；<br>6. 特殊条件下的路基施工；<br>7. 路基施工过程质量管理 |
| 12. 轨道工程 | 3 | 64 | 1."铺路石"品格；<br>2. 能从事轨道工程施工与施工组织管理等工作 | 1. 掌握轨道的类型与基本构造；<br>2. 理解轨道几何形位；<br>3. 掌握道岔的构造及几何形位；<br>4. 能够进行轨道结构力学计算；<br>5. 熟悉轨道的施工与安全管理 | 1. 有砟轨道和无砟轨道的构造；<br>2. 轨道几何形位；<br>3. 道岔的构造及几何形位；<br>4. 轨道结构计算模型的提炼及简单轨道力学计算；<br>5. 轨道施工组织与安全管理 |
| 13. 工程招投标与合同管理 | 4 | 48 | 1."铺路石"品格；<br>2. 熟悉建设工程招投标的程序及相关法规；<br>3. 能编制工程招标文件和投标文件；<br>4. 熟悉工程施工合同文件 | 1. 掌握招投标的工作程序，了解相关的法律法规；<br>2. 能编制招投标文件，并能实施招投标工作；<br>3. 掌握施工合同的草拟工作，并能进行合同管理 | 1. 招投标法；<br>2. 设计文件、招标文件；<br>3. 公司资质、业绩及工程概预算等资料的整理；<br>4. 投标文件；<br>5. 合同法、施工合同；<br>6. 合同履约 |
| 14. 地下铁道施工技术 | 4 | 75 | 1."铺路石"品格；<br>2. 能完成地下工程的施工与管理，编制施工组织方案 | 1. 掌握地下工程施工的基础知识；<br>2. 掌握地下工程施工的方法、辅助施工工法、辅助作业、施工组织等 | 1. 地下铁道的基本知识；<br>2. 地下车站及区间隧道施工方法；<br>3. 隧道施工组织管理；<br>4. 隧道信息化施工；<br>5. 隧道施工辅助工法、作业；<br>6. 竣工资料填写 |
| 15. 桥梁工程施工 | 4 | 75 | 1."铺路石"品格；<br>2. 能从事桥梁工程施工与施工组织管理、桥梁检测加固处理等工作 | 1. 熟悉桥梁的基本概念、类型、构造和简单计算；<br>2. 熟悉桥梁施工准备、施工设备、施工测量放样方法；<br>3. 掌握桥梁基础施工工艺和方法；<br>4. 掌握桥梁施工方法与施工要点；<br>5. 了解桥梁检测与加固维修基本知识；<br>6. 了解桥梁新结构、新方法、新工艺；<br>7. 熟悉桥梁施工安全管理知识 | 1. 桥梁工程基本概念，不同类型桥梁的构造以及简支梁桥的计算；<br>2. 桥梁施工准备，施工设备，放样方法；<br>3. 桥梁扩大基础、桩基础、沉井基础施工；<br>4. 梁式桥、拱桥的施工方法，其他类型桥梁施工要点；<br>5. 桥梁检测与加固维修；<br>6. 桥梁施工新方法；<br>7. 桥梁施工事故保护与安全防范措施 |

续上表

| 学习领域课程 | 学期 | 参考学时 | 职业能力要求 | 学习目标 | 学习内容 |
|---|---|---|---|---|---|
| 16. 施工组织与概预算 | 4 | 60 | 1."铺路石"品格；<br>2. 能编制施工组织设计；<br>3. 能进行施工现场管理；<br>4. 能进行工程施工项目的投标报价、计量计价 | 1. 掌握工程施工组织、管理的手段和方法；<br>2. 掌握工程定额、工程招投标与报价的基础知识 | 1. 施工过程组织原理；<br>2. 网络计划技术；<br>3. 施工组织设计；<br>4. 工程概预算及软件应用；<br>5. 工程定额；<br>6. 预算编制；<br>7. 工程招投标与报价 |
| 17. 轨道养护与维修 | 4 | 30 | 1."铺路石"品格；<br>2. 能从事轨道线路检测与养护等工作 | 1. 熟悉轨道养护维修工作原则，理解轨道养护力学；<br>2. 熟悉养护机械；<br>3. 掌握线路检查、检测技术及养护维修与管理；<br>4. 熟悉线路维修验收标准与质量评定 | 1. 轨道养护工作原则，轨道养护力学；<br>2. 养护机械基本构造与使用；<br>3. 线路检查、检测、养护、维修技术；<br>4. 线路维修验收 |
| 18. 工程爆破 | 4 | 30 | 1."铺路石"品格；<br>2. 具备从事工程爆破技术设计的基本能力；<br>3. 具备从事工程爆破施工的基本能力；<br>4. 具备从事工程爆破安全管理和安全评价的基本能力 | 1. 了解工程爆破的基本概念和基本原理；<br>2. 熟悉工业炸药、起爆器材；<br>3. 掌握工程爆破方法设计和爆破施工组织 | 1. 炸药与爆炸基本理论；<br>2. 爆破器材与起爆方法；<br>3. 岩石爆破作用机理；<br>4. 地下工程爆破；<br>5. 爆破安全技术；<br>6. 爆破施工组织设计与项目管理等 |
| 19. 交通建设安全法律法规 | 4 | 30 | 1."铺路石"品格；<br>2. 能根据我国交通建设安全法律法规进行施工安全教育及施工安全管理 | 1. 熟悉安全法律法规的基本知识，能编制安全教育手册、安全操作规程；<br>2. 掌握日常安全管理内容、程序及步骤；<br>3. 能编制安全突发事故的应急预案，并能实施安全突发事件的处理措施 | 1. 安全生产法；<br>2. 安全生产相关法律法规及规范性文件；<br>3. 危险源的识别；<br>4. 安全操作规程；<br>5. 安全措施的制定及管理；<br>6. 突发事件的处理方案 |

【课程考核要点】

考核以形成性考核为主，可以根据不同课程的特点和要求，采取笔试、口试、实操、作业展示、成果汇报等多种方式进行考核。

·考核要以能力考核为核心，综合考核专业知识、专业技能、方法能力、职业素质、团队合作等方面。

各门课程应根据课程的特点和要求，对采取不同方式、对各个不同方面进行考核的结果，通过一定的加权系数评定课程最终成绩。

【教师基本要求】

专任教师应具备城轨专业或者土木工程类相关专业硕士以上学历，或大学本科学历、高级工程师职称，具有多年在工程一线工作经历。

实训实习指导教师要具备工程一线工作经历、土木工程类相关专业助理工程师、初级实训师或技师资格。

专任专业教师应接受过职业教育教学方法论的培训,具有开发职业课程的能力。

**【基本实训条件要求】**

**1. 校内实训条件**

校内实训场地和设备应满足实训教学基本要求(以下设备数量以一个班60人的标准配置,实际设备需求量按学生实际人数成比例确定)。实训设备和实训场地应根据师生的健康、安全要求和教学内容确定使用面积,采光、照明、卫生、消防等条件应符合国家相关规定。

校内实训室:应设工程材料实训室、土工实训室、工程地质室、地下工程检测与结构实训室、轨道工程室、轨道养护室、土木工程软件室、工程测量实训基地等。

各个实训室主要设备配置要求如下:

实训室设备配置标准根据实训教学内容及工种考核要求,分为必备和选备两类;其中必备为实训必须采用的基本设备,选备为根据各校教学实际及专业考工的需要配备。

**2. 校外实习基地**

学院与广东省铁路建设投资集团、广东华隧建设股份有限公司、广东航盛集团铁路分公司、广东基础工程公司、广东源天工程公司、广东长大公路工程公司、广州市泰基工程技术有限公司等数十家建立校外实习基地。这些实习基地可提供不同类型工程、不同种类工艺的多元化实习项目,学生顶岗实习期间可进行勘测设计、绘图、标书编制、试验检测、工程施工、测量与放样、工程监理、铁路养护、技术资料编制等工作。

# 城市轨道交通工程技术专业课程标准

## 《轨道交通工程测量》课程标准

| 课程名称 | 轨道交通工程测量 | 英文名称 | Engineering Surveying on Rail Transit |
|---|---|---|---|
| 参考学时 | 74 | 学分 | 4.0 |

**1. 前言**

1.1　课程性质

本课程是高职高专轨道交通工程技术专业的专业主干课程。其目标在于培养学生在轨道交通基础工程施工岗位上,从事相关勘察测量、施工放样的专项职业能力,达到本专业学生获得中、高级测量工职业资格证书考证基本要求,同时培养学生的精益求精、吃苦耐劳、团结协作的“铺路石”品格的职业素质以及日后从事轨道工程工作所需的方法能力和社会能力。

本课程以《高等(应用)数学》、《计算机应用基础》等课程学习为基础,也是进一步学习《轨道工程》、《桥梁工程施工》、《地下铁道施工技术》等后续专业课程的基础。

1.2　设计思路

本课程的总体设计思路是:紧扣城市轨道交通工程技术专业的人才培养方案,以“四个合作”为指导,共同进行课程建设和课程教学。打破以知识传授为主要特征的传统学科课程模式,转变为以工程项目、工作任务为中心组织课程内容,并将职业素质培养、职业资格考证标准融入课程,实施教学做一体化法和过程性评价方法,以此发展学生的职业能力和职业素养。

在课程内容设计上,邀请行业企业专家对城市轨道交通工程技术专业的专业背景、专业所涵盖的岗位群进行工作任务和职业能力分析,以及支撑专业核心能力的课程分析,并以此为依据确定本课程的工程项目、工作任务和课程内容。根据轨道交通工程所涉及的勘察测量、施工放样相关知识和技能要求,设计若干个项目,再将每个项目具体细化,划分为若干个学习情境。项目编排的思路是由简单到复杂,而每个项目学习情境的编排,则是按照实际工作过程进行编排。

在课程教学方法和教学手段设计上,以项目组织教学,并让学生在完成具体项目的过程中学会完成相应工作任务,根据高职学生的认知规律和知识基础,实施情境化和理实一体化教学,利用“测量教学做一体化室”、校内室外测量控制网等校内测量实训基地,使学生做到“学中做,做中学”,并以此锻炼学生自主探索、合作学习的能力。

在教学效果考核上,采取过程评价与结果评价相结合的方式,重点考核学生的职业能力。

**2. 课程目标**

2.1　专业能力

要求学生能熟练操作全站仪、水准仪、GPS 等测量仪器，进行轨道交通工程的施工、监理、监测。

(1)根据设计方提供的控制成果资料，制订平面及高程控制测量方案，并进行外业控制测量和内业资料计算、成果整理等。

(2)根据轨道施工图纸，进行线路线形、路基、轨道安装的施工放样工作。

(3)根据隧道施工图纸，进行隧道中线、腰线、断面测量。

(4)按照桥梁施工图纸，进行墩台放样、施工测量。

(5)针对轨道交通工程施工中出现的地表沉降等工程变形，进行变形观测、变形数据处理。

2.2　学习能力

学生能根据轨道工程的施工精度、施工工艺要求，会学习使用测量规范，进行测量方案设计；能通过探索，掌握各种不同类型、不同精度的测量仪器的使用能力。

2.3　社会能力

通过项目训练，提高学生吃苦耐劳、团结协作、实事求是、精益求精、诚信为本的能力；培养学生与人沟通、协调工作的能力；增强学生事故保护、安全防范意识。

**3. 课程内容和要求**

根据专业课程目标和涵盖的工作任务要求，确定课程内容和要求，说明学生应获得的知识、技能与态度。

根据以上设计思路和课程目标，本课程教学设计项目、学习情境以及对应的学时数如下。

| 项目名称 | 学习情境 | 知识、技能内容与要求 | 教学活动设计 | 参考学时 |
|---|---|---|---|---|
| 项目1　地面控制测量 | 情境1　仪器保养和操作规定 | ①常规测量仪器的日常维护；<br>②检验常规测量仪器轴系关系；<br>③常规测量仪器使用规则 | 接受一项工程测量任务，到测量仪器室进行借领仪器，进行仪器准备与检验 | 2 |
| | 情境2　普通水准测量 | ①普通水准测量外业实施；<br>②水准测量的内业成果整理 | 给出一个已知城市水准点，要求测出工程场地某几个未知水准点的高程 | 6 |
| | 情境3　导线测量 | ①附合导线的布设、外业观测；<br>②导线点坐标方位角、坐标的计算 | 给出两对已知城市导线点的平面坐标和坐标方位角，在工程场地布设一个附合导线，测量并计算出工程场地几个未知导线点的坐标 | 8 |
| | 情境4　四等水准高程测量 | ①闭合四等水准网的布设；<br>②四等水准测量规范、操作步骤、成果处理 | 根据工程场地的高程控制网要求，从一个已知城市水准点出发，实施四等水准测量，得出工程场地几个未知水准点的高程 | 4 |
| | 情境5　GPS 静态平面定位 | ①GPS 相对静态定位的方案设计与实施；<br>②相对静态定位的数据下载与程序处理 | 布设一个城轨工程的首级平面控制网，用 GPS 静态定位方法测出首级平面控制点的坐标 | 4 |

续上表

| 项目名称 | 学习情境 | 知识、技能内容与要求 | 教学活动设计 | 参考学时 |
| --- | --- | --- | --- | --- |
| 项目2　轨道施工测量 | 情境1　轨道中线测量 | ①控制点交桩与成果复测；<br>②中桩（直线、圆曲线、缓和曲线）坐标计算；<br>③全站仪中桩放样 | 用全站仪放样出一段带缓和曲线的圆曲线的线路中桩 | 6 |
| | 情境2　轨道纵横断面测量 | ①轨道基平测量及纵断面测量；<br>②轨道中平测量及横断面测量 | 利用一段线形工程，布置基平水准点，分别进行纵横断面测量，绘制纵横断面图 | 4 |
| | 情境3　轨道路基放样及轨道精调 | ①路基边坡坡脚放样；<br>②竖曲线放样；<br>③轨道放样及轨道精调 | 放样出一段有路堤、路堑的路基，铺轨后，再进行精密调整 | 8 |
| 项目3　隧道施工测量 | 情境1　地下支导线测量 | ①地下支导线测量；<br>②测设地下工程施工中线 | 布设一段地下导线，进行支导线测量；再利用导线点进行地下施工中线测设 | 4 |
| | 情境2　地下二等水准测量 | ①精密水准仪的操作方法；<br>②精密水准测量的实施 | 利用地下已知水准点，使用精密水准仪，实施二等水准任务，求出某一未知点高程 | 4 |
| | 情境3　盾构施工测量 | ①盾构施工测量方法；<br>②盾构施工测量系统的使用 | 根据盾构施工方向指向的要求，实施相应测量，并利用系统进行数据处理、盾构机方向调整 | 6 |
| 项目4　桥梁施工测量 | 情境1　桥梁施工控制网布设 | ①GPS 桥梁平面施工控制网布设及施测；<br>②桥梁高程施工控制网的过河水准测量 | 布设一个桥梁的 GPS 平面控制网和三四等水准高程控制网，并进行观测和计算 | 6 |
| | 情境2　桥梁施工放样测量 | ①桥梁轴线长度测量；<br>②桥梁墩台放样 | 利用桥梁施工控制网点，进行轴线长度测量，再利用全站仪或 GPS 进行墩台中心位置放样，最后利用全站仪进行施工十字线放样 | 4 |
| 项目5　变形监测 | 情境1　变形点沉降观测 | ①沉降观测基准网布设；<br>②沉降点的精密水准测量；<br>③沉降数据处理 | 利用一个桥梁，在桥墩台上布置沉降点，在附近布设基准点，利用精密水准仪定期进行高程测量，再利用软件进行沉降数据处理 | 4 |
| | 情境2　变形点位移观测 | ①位移基准的布设；<br>②变形点位移坐标测量；<br>③位移数据处理 | 利用一个高边坡，在边坡上、中、下位置布设变形点，在附近布设基准点，利用精密全站仪进行点位观测，再利用软件进行坐标位移数据处理 | 4 |

## 4. 实施建议

### 4.1　教学条件

(1)软硬件条件

测量教学做一体化室：配备有电脑网络多媒体教学系统，水准仪、全站仪、GPS、CASIO 编程计算器等测量仪器,可供学生查阅的技术手册、学生可以边听课边操作的一体化场所。

(2)师资条件

组成一支职称结构、学历结构、年龄结构、专兼比例合理的课程教学"双师"结构师资队伍。主讲教师具有硕士以上学历和中级以上职称,能综合实施项目教学法、任务驱动法、引导文法等各种行动导向教学法,能较好掌握计算机技术、网络技术等新知识新技能,并具有相关职业资格技能证书,动手能力强;辅助教师应具有较强的职业技能,具有较丰富的企业一线工作经验,具有高级工以上职业资格证书。

4.2 教学方法

贯彻"以学生为中心"的教学理念,实施行动导向教学方法,学生以小组形式,在教师的引导下通过项目的完成,达到专业知识学习和专业技能训练的目的。创造学习环境,创设有利于学生对知识意义构建的教学情境,在教学情境下使学生能够独立思考、共同探索、协作完成,使老师从知识传授者的角色转为学生学习过程的组织者、咨询者和指导者,使教学过程向学生自觉学习过程转化。每项工作任务完成后,各小组就提交一份成果报告。

针对不同的学习情境,选用不同特点的教学方法,建议采用教学方法如下。

| 项目名称 | 学习情境 | 建议的教学方法 |
|---|---|---|
| 项目1 地面控制测量 | 情境1 仪器保养和操作规定 | 角色扮演法 |
| | 情境2 普通水准测量 | 项目教学法、演示教学法 |
| | 情境3 导线测量 | 项目教学法、四阶段教学法 |
| | 情境4 四等水准高程测量 | 项目教学法、引导文教学法 |
| | 情境5 GPS 静态平面定位 | 项目教学法、角色扮演法 |
| 项目2 轨道施工测量 | 情境1 轨道中线测量 | 项目教学法、引导文教学法 |
| | 情境2 轨道纵横断面测量 | 项目教学法 |
| | 情境3 轨道路基放样及轨道精调 | 范例教学法 |
| 项目3 隧道施工测量 | 情境1 地下支导线测量 | 问题导向教学法 |
| | 情境2 地下二等水准测量 | 问题导向教学法、范例教学法 |
| | 情境3 盾构施工测量 | 范例教学法 |
| 项目4 桥梁施工测量 | 情境1 桥梁施工控制网布设 | 项目教学法、引导文教学法 |
| | 情境2 桥梁施工放样测量 | 四阶段教学法 |
| 项目5 变形监测 | 情境1 变形点沉降观测 | 问题导向教学法、范例教学法 |
| | 情境2 变形点位移观测 | 问题导向教学法、范例教学法 |

4.3 教学评价

由注重知识考核,变革为注重能力考核,采用形成性考核评价方法。

(1)期末考试占50%,五大项目各占10%。

(2)项目评价采用教师评价和学生自评相结合的形式,即"组长系数制"。每项项目完成后,由各小组提交一份成果报告,内容越丰富越有内涵,全组加分越高;适当时候进行小组答辩,对项目实施能提出新的观点及一些好的建议或相关案例的,适当加分。这样教师先给出各小组得分;组长再根据组员在工作完成中所起的作用和表现状况,初定组员系数(0.8~1.1);再经教师和班干部、组长开"碰头会",对系数进行调整确认;最后小组分乘系数,得各组员的得分。

**5. 参考资料**

(1)参考教材

《土木工程测量》,王劲松主编,中国计划出版社,2008 年

《铁道工程测量》,王兆祥主编,中国铁道出版社,2008 年

《客运专线无砟轨道铁路工程测量技术》,朱颖主编,中国铁道出版社,2008 年

《工程测量实习指导书》,自编,2007 年

建议依据课程标准,以充分体现项目课程设计思想,编写符合基于工作过程、融入轨道交通工程测量职业标准的工学结合教材。

(2)参考杂志

《测绘通报》,国家测绘局,中文核心期刊

《工程勘察》,中国建筑学会工程勘察分会,中文核心期刊

《铁道勘察》,中铁工程设计咨询集团有限公司

《城市轨道交通研究》,同济大学,中文核心期刊

《现代城市轨道交通》,铁道部科学技术信息所

# 《工程制图与 CAD》课程标准

| 课程名称 | 工程制图与 CAD | 英文名称 | Engineering Drafting and CAD |
|---|---|---|---|
| 参考学时 | 74 | 学分 | 4 |

## 1. 前言

### 1.1 课程性质

本课程是高职高专轨道交通工程技术专业的专业基础课程。其目标在于使学生掌握工程制图与 CAD 绘图基本知识，培养学生识读工程图纸和 CAD 绘图的专项职业能力；同时培养学生精益求精、吃苦耐劳、团结协作的"铺路石"品格，为学生日后从事轨道工程工作打下良好的职业基础。

本课程进一步学习《轨道工程》、《选线与路基工程》等后续专业课程的基础。

### 1.2 设计思路

本课程的总体设计思路是：紧扣城市轨道交通工程技术专业的人才培养方案，以"基于工作过程"为指导，校企合作，共同进行课程建设和课程教学。打破以知识传授为主要特征的传统学科课程模式，转变为以工程项目、工作任务为中心组织课程内容，并将职业素质培养、职业资格考证标准融入课程，实施教学做一体化法和过程性评价方法，以此发展学生的职业能力和职业素养。

在课程内容设计上，邀请行业企业专家对城市轨道交通工程技术专业的专业背景、专业所涵盖的岗位群进行工作任务和职业能力分析，以及支撑专业核心能力的课程分析，并以此为依据确定本课程的工程项目、工作任务和课程内容。根据轨道交通基础工程所涉及的工程制图相关知识和技能要求，设计若干个项目，再将每个项目具体细化，划分为若干个学习情境。项目编排的思路是由简单到复杂，而每个项目学习情境的编排，则是按照实际工作过程进行编排。

在课程教学方法和教学手段设计上，以项目组织教学，并让学生在完成具体项目的过程中学会完成相应工作任务，根据高职学生的认知规律和知识基础，实施情境化和理实一体化教学，利用"CAD 制图机房"，使学生做到"学与实践结合"，并以此锻炼学生自主探索、合作学习的能力。

在教学效果考核上，采取过程评价与结果评价相结合的方式，重点考核学生的职业能力。

## 2. 课程目标

### 2.1 专业能力

要求学生能熟练掌握 CAD 制图的基本技能，能读懂施工图及进行施工图的制作。

(1)制图的基本知识和技能。

(2)读懂施工图纸。

(3)完成工程施工图的制作(包括手工图和计算机 CAD 图)。

### 2.2 学习能力

通过本课程的学习，培养学生的自主学习的能力，着重培养学生实际动手能力。

### 2.3 社会能力

通过项目训练，提高学生团结协作、吃苦耐劳、实事求是、诚信为本的能力和培养学生协调工作的能力。

**3. 课程内容和要求**

根据专业课程目标和涵盖的工作任务要求,确定课程内容和要求,说明学生应获得的知识、技能与态度。

根据以上设计思路和课程目标,本课程教学设计的项目、学习情境以及对应的学时数如下。

| 项目名称 | 学习情境 | 知识、技能内容与要求 | 教学活动设计 | 参考学时 |
|---|---|---|---|---|
| 项目1 概述 | 情境1 本课程的性质及研究对象 | ①本课程的性质;<br>②本课程的研究对象 | 阐述说明本课程的性质及研究对象 | 1 |
| | 情境2 本课程的学习目标 | 工程制图的学习目标 | 叙述说明工程制图的学习目标 | 1 |
| | 情境3 本课程的主要内容与学习方法 | ①本课程的主要内容;<br>②本课程的学习方法 | 说明课程的主要内容,探讨学习课程的学习的方法,并为学习本课程指出方向 | 2 |
| 项目2 制图的基本知识和技能 | 情境1 制图的基本规定 | 制图的基本规定分析 | 给出一个实际例子,分析制图的基本规定 | 6 |
| | 情境2 投影基础 | ①线的投影;<br>②面的投影;<br>③体及组合体的投影 | 解释说明投影定理,分别举线、面、体及组合体的实际例子进行分析 | 8 |
| | 情境3 几何作图 | 几何手工制图 | 借助各种工具制作简单的工程图 | 10 |
| 项目3 组合体和图形的表达 | 情境1 组合体的三视图 | ①画与读组合体视图;<br>②标注组合体尺寸 | 布置几项任务,画与读组合体视图,并对组合图标注尺寸 | 6 |
| | 情境2 图形的表达方法 | ①正面图;<br>②侧面图;<br>③剖面图 | 举例示范说明工程制图图形的表达方法 | 6 |
| 项目4 CAD计算机绘图方法 | 情境1 CAD绘图基本知识 | ①CAD制图基本方法;<br>②CAD制图图形编辑 | 采用CAD软件绘制简单几何图形 | 10 |
| | 情境2 CAD专业制图 | 采用CAD绘制专业图纸 | 给出多项任务,采用CAD进行实际工程图纸绘制 | 24 |

**4. 实施建议**

4.1 教学条件

(1)软硬件条件

配备有电脑、网络多媒体教学系统、制图桌具的教室和计算机制图实验室,学生能够边学边做。

(2)师资条件

组成一支职称结构、学历结构、年龄结构、专兼比例合理的课程教学“双师”结构师资队伍。主讲教师具有硕士以上学历和中级以上职称,能综合实施项目教学法、任务驱动法、引导文法等各种行动导向教学法,能较好掌握计算机技术、网络技术等新知识新技能,并具有CAD制图相关职业资格技能证书,动手能力强;辅助教师应具有较强的职业技能,具有较丰富的企业一线工作经验,具有高级工以上职业资格证书。

4.2 教学方法

贯彻"以学生为中心"的教学理念,实施行动导向教学方法,学生以小组形式,在教师的引导下通过项目的完成,达到专业知识学习和专业技能训练的目的。创造学习环境,创设有利于学生对知识意义构建的教学情境,在教学情境下使学生能够独立思考、共同探索、协作完成,使老师从知识传授者的角色转为学生学习过程的组织者、咨询者和指导者,使教学过程向学生自觉学习过程转化。每项工作任务完成后,各小组就提交一份成果。

针对不同的学习情境,选用不同特点的教学方法,建议采用教学方法如下。

| 项 目 名 称 | 学 习 情 境 | 建议的教学方法 |
|---|---|---|
| 项目1 概述 | 情境1 本课程的性质及研究对象 | 引导文教学法 |
| | 情境2 本课程的学习目标 | 问题导向教学法 |
| | 情境3 本课程的主要内容与学习方法 | 问题导向教学法 |
| 项目2 制图的基本知识和技能 | 情境1 制图的基本规定 | 引导文教学法 |
| | 情境2 投影基础 | 范例教学法 |
| | 情境3 几何作图 | 项目教学法<br>角色教学法 |
| 项目3 组合体和图形的表达 | 情境1 组合体的三视图 | 范例教学法 |
| | 情境2 图形的表达方法 | 项目教学法<br>问题导向教学法 |
| 项目4 CAD 计算机绘图方法 | 情境1 CAD 绘图基本知识 | 项目教学法<br>范例教学法 |
| | 情境2 CAD 专业制图 | 项目教学法<br>范例教学法 |

4.3 教学评价

由注重知识考核,变革为注重能力考核,采用形成性考核评价方法。

(1)期末考试占 50%,四大项目共占 50%。

(2)项目评价采用教师评价和学生自评相结合的形式,即"组长系数制"。每项项目完成后,由各小组提交一份成果报告,内容越丰富越有内涵,全组加分越高;适当时候进行小组答辩,对项目实施能提出新的观点及一些好的建议或相关案例的,适当加分。这样教师先给出各小组得分;组长再根据组员在工作完成中所起的作用和表现状况,初定组员系数(0.8~1.1);再经教师和班干部、组长开"碰头会",对系数进行调整确认;最后小组分乘系数,得各组员的得分。

**5. 参考资料**

(1)参考教材

《画法几何及工程制图》,宋兆全主编,中国铁道出版社,2003 年

《工程制图与 CAD》,刘瑞荣、王谨主编,华中科技大学出版社,2009 年

《工程制图及 CAD》,杨桂林主编,中国铁道,2007 年

《工程制图》,冯世瑶主编,清华大学出版社,2007 年

建议依据课程标准,以充分体现项目课程设计思想,编写符合基于工作过程、融入轨道交通工程制图职业标准的工学结合教材。

(2)参考杂志

《工程图学学报》,中国工程图学学会,中文核心期刊

# 《土木工程材料》课程标准

| 课程名称 | 土木工程材料 | 英文名称 | Civil Engineering Materials |
|---|---|---|---|
| 参考学时 | 52 | 学分 | 3.0 |

**1. 前言**

1.1　课程性质

本课程是高职高专轨道交通工程技术专业的专业基础课程。其目标在于培养学生在轨道交通工程施工岗位上,从事相关工程试验、工程检测、工程材料管理的专项职业能力,达到本专业学生获得中、高级试验工职业资格证书考证基本要求,同时培养学生的精益求精、吃苦耐劳、团结协作的"铺路石"品格的职业素质以及日后从事轨道工程工作所需的方法能力和社会能力。

本课程是进一步学习《选线与路基工程》、《桥梁工程施工》、《地下铁道施工技术》、《钢筋混凝土结构》等后续专业课程的基础。

1.2　设计思路

本课程的总体设计思路是:紧扣城市轨道交通工程技术专业的人才培养方案,以"基于工作过程"为指导,校企合作,共同进行课程建设和课程教学。打破以知识传授为主要特征的传统学科课程模式,转变为以工程项目、工作任务为中心组织课程内容,并将职业素质培养、职业资格考证标准融入课程,实施教学做一体化法和过程性评价方法,以此发展学生的职业能力和职业素养。

在课程内容设计上,邀请行业企业专家对城市轨道交通工程技术专业的专业背景、专业所涵盖的岗位群进行工作任务和职业能力分析,以及支撑专业核心能力的课程分析,并以此为依据确定本课程的工程项目、工作任务和课程内容。根据轨道交通工程所涉及的工程试验、材料检测相关知识和技能要求,设计若干个项目,再将每个项目具体细化,划分为若干个学习情境。

在课程教学方法和教学手段设计上,以项目组织教学,并让学生在完成具体项目的过程中学会完成相应工作任务,根据高职学生的认知规律和知识基础,实施情境化和理实一体化教学,利用"建筑工程实训室"、路基路面实训室等校内实训基地,使学生做到"学中做,做中学",并以此锻炼学生自主探索、合作学习的能力。

在教学效果考核上,采取过程评价与结果评价相结合的方式,重点考核学生的职业能力。

**2. 课程目标**

2.1　专业能力

(1)要求学生能熟悉土木工程材料及试验仪器,能进行轨道交通工程的施工试验、检测、监测。

(2)掌握材料的组成、性质及技术要求;了解材料组成及结构对材料性质的影响;了解外界因素对材料性质的影响;了解各主要性质间的相互关系;初步学会主要建筑材料的试验方法。

(3)根据工程要求能够合理地选用材料;熟悉有关国家标准或行业标准;了解材料使用方法的要点;学会混凝土配合比设计。

2.2　学习能力

学生能掌握有关建筑材料的性质与应用的基本知识和必要的基本理论，并获得主要建筑材料试验的能力。

2.3　社会能力

通过项目训练，提高学生团结协作、吃苦耐劳、实事求是、诚信为本的能力；培养学生与人沟通、协调工作的能力；增强学生事故保护、安全防范意识。

**3. 课程内容和要求**

根据专业课程目标和涵盖的工作任务要求，确定课程内容和要求，说明学生应获得的知识、技能与态度。

根据以上设计思路和课程目标，本课程教学设计项目、学习情境以及对应的学时数如下。

| 项目名称 | 学 习 情 境 | 知识、技能内容与要求 | 教学活动设计 | 参考学时 |
|---|---|---|---|---|
| 项目1　混凝土质量检测与分析 | 情境1　砂石集料 | ①砂石集料主要品种和分类；<br>②砂石集料的主要技术性能和指标；<br>③质量标准；<br>④施工现场砂石取样规定；<br>⑤检测方法 | 粗细集料表观密度、密度、级配等试验 | 6 |
| | 情境2　水泥 | ①水泥种类；<br>②主要技术性能和指标；<br>③主要特点及应用；<br>④检测方法 | 水泥标准稠度用水量与凝结时间、安定性试验；水泥细度与胶砂试件成型；水泥胶砂强度 | 8 |
| | 情境3　混凝土 | ①混凝土配合比；<br>②主要技术性能和指标；<br>③主要特点及应用；<br>④取样规定；<br>⑤检测方法；<br>⑥其他混凝土品种简介 | 根据工程实例进行混凝土配合比设计，要求完成初步配合比设计，试验配合比设计，并进行混凝土坍落度试验；混凝土强度试验 | 8 |
| 项目2　砌筑材料质量检测与分析 | 情境1　气硬性胶凝材料 | ①建筑工程中常用石灰品种，及其主要性能和质量标准；<br>②石灰质量检测要点；<br>③石灰特点及应用；<br>④石膏、水玻璃特点及应用 | 过火石灰的处理的课程讨论 | 4 |
| | 情境2　建筑砂浆 | ①砌筑砂浆的主要技术性能和指标；<br>②主要特点及应用；<br>③取样规定；<br>④检测方法；<br>⑤砂浆配合比设计 | 根据工程实例进行建筑砂浆配合比设计，要求完成初步配合比设计，试验配合比设计，并进行砂浆试验 | 6 |
| | 情境3　砖石砌块板材 | ①砖、砌块、板材、石材性能和指标；<br>②砖石砌块板材的应用 | 砖石砌块板材应用的课程讨论 | 4 |

续上表

| 项目名称 | 学习情境 | 知识、技能内容与要求 | 教学活动设计 | 参考学时 |
| --- | --- | --- | --- | --- |
| 项目3 建筑钢材质量检测与分析 | 情境1 建筑钢材 | ①建筑钢材主要品种；<br>②热轧钢筋的主要技术性能和指标；<br>③应用；<br>④质量标准；<br>⑤取样规定；<br>⑥检测方法；<br>⑦其他建筑钢材简介 | 拉伸试验并作出钢筋应力应变图 | 6 |
| 项目4 沥青及沥青混合料质量检测与分析 | 情境1 沥青 | ①沥青的主要技术性能和指标；<br>②应用；<br>③质量标准；<br>④取样规定；<br>⑤检测方法 | 沥青混合料制备；表面密度测定 | 6 |
| | 情境2 沥青混合料 | ①沥青混合物；<br>②马歇尔稳定度 | 制作沥青混合料试件，测定马歇尔稳定度等指标，计算出孔隙率等指标，最终确定出最佳沥青用量 | 4 |

**4.实施建议**

4.1 教学条件

(1)软硬件条件

建筑材料实训室、路基路面实训室、工程力学实训室等教学做一体；及采用多媒体网络教学，授课及视频教学相结合。

(2)师资条件

组成一支职称结构、学历结构、年龄结构、专兼比例合理的课程教学"双师"结构师资队伍。主讲教师具有硕士以上学历和中级以上职称，能综合实施项目教学法、任务驱动法、引导文法等各种行动导向教学法，能较好掌握计算机技术、网络技术等新知识新技能，并具有相关职业资格技能证书，动手能力强；辅助教师应具有较强的职业技能，具有较丰富的企业一线工作经验，具有高级工以上职业资格证书。

4.2 教学方法

贯彻"以学生为中心"的教学理念，实施行动导向教学方法，学生以小组形式，在教师的引导下通过项目的完成，达到专业知识学习和专业技能训练的目的。创造学习环境，创设有利于学生对知识意义构建的教学情境，在教学情境下使学生能够独立思考、共同探索、协作完成，使老师从知识传授者的角色转为学生学习过程的组织者、咨询者和指导者，使教学过程向学生自觉学习过程转化。每项工作任务完成后，各小组就提交一份成果报告。

针对不同的学习情境，选用不同特点的教学方法，建议采用教学方法如下。

| 项 目 名 称 | 学 习 情 境 | 建议的教学方法 |
| --- | --- | --- |
| 项目1　混凝土质量检测与分析 | 情境1　砂石集料 | 项目教学法 |
| | 情境2　水泥 | 项目教学法 |
| | 情境3　混凝土 | 项目教学法 |
| 项目2　砌筑材料质量检测与分析 | 情境1　气硬性胶凝材料 | 项目教学法 |
| | 情境2　建筑砂浆 | 项目教学法 |
| | 情境3　砖石砌块板材 | 项目教学法 |
| 项目3　建筑钢材质量检测与分析 | 情境1　建筑钢材 | 项目教学法 |
| 项目4　沥青及沥青混合料质量检测与分析 | 情境1　沥青 | 项目教学法 |
| | 情境2　沥青混合料 | 项目教学法 |

### 4.3　教学评价

由注重知识考核，变革为注重能力考核，采用形成性考核评价方法。

(1)期末考试占60%，四大项目各占10%。

(2)项目评价采用教师评价和学生自评相结合的形式，即“组长系数制”。每项项目完成后，由各小组提交一份成果报告，内容越丰富越有内涵，全组加分越高；适当时候进行小组答辩，对项目实施能提出新的观点及一些好的建议或相关案例的，适当加分。这样教师先给出各小组得分；组长再根据组员在工作完成中所起的作用和表现状况，初定组员系数(0.8~1.1)；再经教师和班干部、组长开“碰头会”，对系数进行调整确认；最后小组分乘系数，得各组员的得分。

## 5. 参考资料

(1)参考教材

《土木工程材料》，赵丽萍主编，人民交通出版社，2009年

《土木工程材料》，湖南大学、天津大学、同济大学、东南大学合编，中国建筑工业出版社，2002年

建议依据课程标准，以充分体现项目课程设计思想，编写符合基于工作过程、融入试验工职业标准的工学结合教材。

(2)参考杂志

《建筑材料学报》，同济大学，中文核心期刊

《新型建筑材料》，中国新型建筑材料工业杭州设计研究院，中文核心期刊

《城市轨道交通研究》，同济大学，中文核心期刊

《现代城市轨道交通》，铁道部科学技术信息所

# 《城市轨道交通概论》课程标准

| 课程名称 | 城市轨道交通概论 | 英文名称 | Introduction to Urban Mass Transit |
|---|---|---|---|
| 参考学时 | 32 | 学分 | 1.5 |

## 1. 前言

### 1.1 课程性质

本课程是高职高专轨道交通工程技术专业的专业基础课程。其目标在于使学生掌握城市轨道交通系统的多个不同功能的子系统,达到本专业学生对城市轨道交通概况的全面了解,为学习专业课打下良好的基础,同时培养学生日后从事轨道工程工作所需的方法能力和社会能力。

本课程以工科基础课程学习为基础,是进一步学习《轨道工程》、《轨道养护与维修》、《选线与路基工程》、《高速铁路技术》等专业课程的基础。

### 1.2 设计思路

本课程的总体设计思路是:紧扣城市轨道交通工程技术专业的人才培养方案,围绕"以企业需求为导向,以职业能力为核心",共同进行课程建设和课程教学。打破以知识传授为主要特征的传统学科课程模式,转变为以工程项目、工作任务为中心组织课程内容,并将职业素质培养、职业资格考证标准融入课程,力求突出岗位技能特色。满足岗位技能与鉴定考核的需要,以此发展学生的职业能力和职业素养。

在课程内容设计上,邀请行业企业专家对城市轨道交通工程技术专业的专业背景、专业所涵盖的岗位群进行工作任务和职业能力分析,以及支撑专业核心能力的课程分析,并以此为依据确定本课程的工程项目、工作任务和课程内容。根据轨道交通工程专业所涉及的专业相关知识和技能要求,设计若干个项目,再将每个项目具体细化,划分为若干个学习情境。

在课程教学方法和教学手段设计上,以项目组织教学,并让学生在完成具体项目的过程中学会完成相应工作任务,根据高职学生的认知规律和知识基础,实施情境化和理实一体化教学,使学生做到"学中思考",并以此锻炼学生自主探索学习的能力。

在教学效果考核上,采取过程评价与结果评价相结合的方式,重点考核学生的职业能力。

## 2. 课程目标

### 2.1 专业能力

本课程要求学生认识城市轨道的发展以及城轨交通运输系统的基本组成,能初步掌握城市轨道交通的规划设计原则、城市轨道交通的系统结构等,是城市轨道工程技术专业的一门重要专业基础课,为学习专业课程打下良好基础。

(1)掌握城轨交通系统的基本组成元素以及各组成元素之间的关系。

(2)初步掌握城轨线路与车站布置原则及轨道交通的系统结构,为下一步《选线与路基工程》和《轨道工程》等专业课的学习打下基础。

(3)具备一定的城市轨道交通车辆、城市轨道交通供电系统、城市轨道交通线路与车站、城市轨道交通信号与通信设备、城市轨道交通的运营管理、环保、防灾与安全系统等方面的知识或能力。

2.2 学习能力

通过本课程的学习，发散学生思维，培养学生的自主学习的能力。帮助学生能够对自己要学习哪些专业知识给自己定位。

2.3 社会能力

通过本课程的学习，增强学生环保意识以及事故保护、安全防范意识等。

**3. 课程内容和要求**

根据专业课程目标和涵盖的工作任务要求，确定课程内容和要求，说明学生应获得的知识、技能与态度。

根据以上设计思路和课程目标，本课程教学设计的项目、学习情境以及对应的学时数如下。

| 项目名称 | 学习情境 | 知识、技能内容与要求 | 教学活动设计 | 参考学时 |
|---|---|---|---|---|
| 项目1 城市轨道交通工程 | 情境1 城市轨道交通的线路工程和线网规划 | ①了解城市轨道交通线网的形式，各形式的优缺点；<br>②了解线网规划应考虑的因素和原则，介绍上海轨道交通为未来线网的规划 | 给出一条已经规划好的城市轨道交通线，分析其规划时考虑事项 | 3 |
| | 情境2 轨道结构 | ①了解轨道结构的特点；<br>②轨道的几何形位 | 课程讨论：<br>①轻轨线路却采用了重型钢轨，为什么？<br>②钢轨、轨枕各有哪些作用？<br>③钢轨病害有哪些 | 4 |
| | 情境3 车站 | ①了解车站的各种形式，各车站形式的优缺点；<br>②理解平面布局的影响因素。 | 课程讨论：<br>①城市轨道交通车站的功能是什么？<br>②按运营性质分为几种类型的车站？<br>③为什么要考虑交通枢纽？为什么要建立换乘车站 | 3 |
| 项目2 城市轨道交通通信与信号 | 情境1 通信 | ①了解通信系统的各基本结构；<br>②基本设备 | 给出广州某地铁线的通信设计，让学生阐述轨道交通特有的通信网络同运营的关系 | 2 |
| | 情境2 信号 | ①了解信号系统的各基本结构；<br>②基本设备 | 给出广州地铁线的信号设计，让学生阐述列车自动保护系统、列车自动驾驶系统和列车自动监控系统 | 2 |
| | 情境3 供电 | ①了解直流牵引、交流传统系统；<br>②了解变电站的分类；<br>③了解接触网 | 根据目前国内地铁供电设计的情况，让学生分析接触轨式接触网和架空式接触网各自的特点 | 2 |
| 项目3 城市轨道交通车辆 | 情境1 车辆结构 | ①了解车辆的类型、组成部分、技术参数；<br>②重点掌握车辆的走行部分；<br>③重点掌握车辆的制动系统 | 学生到实训室里观看车辆模型，讨论车辆的组成部分，走行部分，制动系统 | 4 |

续上表

| 项目名称 | 学习情境 | 知识、技能内容与要求 | 教学活动设计 | 参考学时 |
| --- | --- | --- | --- | --- |
| 项目3 城市轨道交通车辆 | 情境2 车辆电传动 | ①了解直流电力牵引系统的原理；<br>②了解交流电力牵引系统的原理 | 课程讨论：<br>①直流电机的基本调速方法的有哪些？<br>②直线感应电机具有哪些特点 | 4 |
| 项目4 城市轨道交通运营管理 | 情境1 车站行车系统 | ①了解运营管理的基本概念，运行调度指挥，理解客流特征和客流调查；<br>②了解简单的行车计划 | 结合实训室的沙盘模型，编制简单的行车计划 | 4 |
| | 情境2 车站客运系统 | ①了解车站客运组织的原则；<br>②掌握车站突发事件的处理 | 给出广州2010年亚运期间地铁处理大客流的主要措施，及广州地铁公司的大客流预案 | 2 |
| | 情境3 轨道交通票务系统 | ①掌握城市轨道交通票价制定的程序；<br>②了解城市轨道交通直接及间接效益 | 结合实训室的地铁票务系统进行综合实训 | 2 |

**4. 实施建议**

4.1 教学条件

(1)软硬件条件

教室配备有网络多媒体教学系统，可以文字讲述加多媒体演示相结合的方式进行讲授。

(2)师资条件

组成一支职称结构、学历结构、年龄结构、专兼比例合理的课程教学“双师”结构师资队伍。主讲教师具有硕士以上学历，能综合实施项目教学法、任务驱动法、引导文法等各种行动导向教学法，能较好掌握计算机技术、网络技术等新知识新技能。

4.2 教学方法

贯彻“以学生为中心”的教学理念，实施行动导向教学方法，学生以小组形式，在教师的引导下探讨学习，达到专业知识学习和专业技能训练的目的。创造学习环境，创设有利于学生对知识意义构建的教学情境，在教学情境下使学生能够独立思考、勇于探索，使老师从知识传授者的角色转为学生学习过程的组织者、咨询者和指导者，使教学过程向学生自觉学习过程转化。每项工作任务完成后，各小组就提交一份成果报告。

针对不同的学习情境，选用不同特点的教学方法，建议采用教学方法如下。

| 项目名称 | 学习情境 | 建议的教学方法 |
| --- | --- | --- |
| 项目1 城市轨道交通工程 | 情境1 城市轨道交通的线路工程和线网规划 | 问题导向教学法<br>项目教学法 |
| | 情境2 轨道结构 | 引导文教学法 |
| | 情境3 车站 | 项目教学法<br>引导文教学法 |
| 项目2 城市轨道交通通信与信号 | 情境1 通信 | 项目教学法<br>问题导向教学法 |
| | 情境2 信号 | 项目教学法<br>范例教学法 |

续上表

| 项 目 名 称 | 学 习 情 境 | 建议的教学方法 |
| --- | --- | --- |
| 项目2　城市轨道交通通信与信号 | 情境3　供电 | 项目教学法<br>范例教学法 |
| 项目3　城市轨道交通车辆 | 情境1　车辆结构 | 项目教学法<br>范例教学法 |
| | 情境2　车辆电传动 | 项目教学法<br>范例教学法 |
| 项目4　城市轨道交通运营管理 | 情境1　车站行车系统 | 项目教学法<br>引导文教学法 |
| | 情境2　车站客运系统 | 项目教学法<br>问题导向教学法 |

### 4.3　教学评价

由注重知识考核，变革为注重能力考核，采用形成性考核评价方法。

(1)课程结束考查占60%，四大项目考查占40%。

(2)项目评价采用教师评价和学生自评相结合的形式，即“组长系数制”。每项项目完成后，由各小组提交一份成果报告，内容越丰富越有内涵，全组加分越高；适当时候进行小组答辩，对项目实施能提出新的观点及一些好的建议或相关案例的，适当加分。这样教师先给出各小组得分；组长再根据组员在工作完成中所起的作用和表现状况，初定组员系数(0.8～1.1)；再经教师和班干部、组长开“碰头会”，对系数进行调整确认；最后小组分乘系数，得各组员的得分。

## 5. 参考资料

(1)参考教材

《城市轨道交通概论》，广州市地下铁道总公司、人力资源和社会保障教材办公室编著，中国劳动社会保障出版社，2009年

《城市轨道交通概论》，王珏主编，中国铁道出版社，2008年

《城市轨道交通概论》，张凡、钱传贤主编，西南交通大学出版社，2007年

《城市轨道交通系统概论》，谭复兴、高伟君主编，中国水利水电出版社，2007年

建议依据课程标准，以充分体现项目课程设计思想，编写符合基于工作过程、融入轨道交通工程职业标准的工学结合教材。

(2)参考杂志

《中国铁道科学》，中国铁道科学研究院，中文核心期刊，IE检索

《城市轨道交通研究》，同济大学，中文核心期刊

《现代城市轨道交通》，铁道部科学技术信息所

《都市快轨交通》，北京交通大学和北京城建设计研究总院联合主办，中文核心期刊

# 《建筑力学》课程标准

| 课程名称 | 建筑力学 | 英文名称 | Construction Mechanics |
|---|---|---|---|
| 参考学时 | 80 | 学分 | 4.5 |

## 1. 前言

### 1.1 课程性质

本课程是高职高专轨道交通工程技术专业的专业理论基础课程。其目标在于培养学生城轨工程的专业理论能力，达到本专业学生能够分析一般构件的受力分析及受力图的绘制基本要求，同时培养学生的精益求精、吃苦耐劳的职业素质以及日后从事轨道工程工作所需的方法能力和社会能力。

本课程以《高等（应用）数学》等课程为基础，它是进一步学习《钢筋混凝土结构》、《地下铁道施工技术》、《桥梁工程施工》、《轨道工程》等专业基础课与专业课的基础。

### 1.2 设计思路

本课程的总体设计思路是：紧扣城市轨道交通工程技术专业的人才培养方案，以"四个合作"为指导，共同进行课程建设和课程教学。打破以知识传授为主要特征的传统学科课程模式，转变为以工程项目、工作任务为中心组织课程内容，并将职业素质培养、职业资格考证标准融入课程，实施教学做一体化法和过程性评价方法，以此发展学生的职业能力和职业素养。

在课程内容设计上，邀请行业企业专家对城市轨道交通工程技术专业的专业背景、专业所涵盖的岗位群进行工作任务和职业能力分析，以及支撑专业核心能力的课程分析，并以此为依据确定本课程的工程项目、工作任务和课程内容。根据建筑力学所涉及的相关知识和技能要求，设计若干个项目。

在课程教学方法和教学手段设计上，以项目组织教学，并让学生在完成具体项目的过程中学会完成相应工作任务，根据高职学生的认知规律和知识基础，实施情境化和理实一体化教学，利用"力学试验室"以及课后布置的实际项目，使学生做到"学与实践相结合"，并以此锻炼学生自主探索能力和实际的动手能力。

在教学效果考核上，采取过程评价与结果评价相结合的方式，重点考核学生的职业能力。

## 2. 课程目标

### 2.1 专业能力

要求学生掌握各种建筑力学计算的方法，具有会进行一般构件的受力分析及受力图的绘制的能力。

(1)给出一个杆件，能够受力计算分析。

(2)能够进行杆件的受力图绘制。

(3)能够进行简单结构强度的计算。

### 2.2 学习能力

通过本课程的学习，发散学生思维，培养学生的自主学习探索的能力。

### 2.3 社会能力

通过课程学习，提高学生吃苦耐劳、实事求是、诚信为本的能力。

**3. 课程内容和要求**

根据专业课程目标和涵盖的工作任务要求，确定课程内容和要求，说明学生应获得的知识、技能与态度。

根据以上设计思路和课程目标，本课程教学设计的项目以及对应的学时数如下。

| 项目名称 | 学习情境 | 知识、技能内容与要求 | 教学活动设计 | 参考学时 |
|---|---|---|---|---|
| 项目1　静力学基础 | 情境1　物体的受力分析 | ①静力学的基本概念、基本公理；<br>②约束和约束力；<br>③物体与物体系受力分析；<br>④结构计算简图简介 | ①以一个实例来解释强度、刚度和稳定性的概念；<br>②列举一个实例叙述静力学的基本公理；<br>③根据实际要求画出单个或物体系的受力图；<br>④将简单的工程实际结构简化成计算简图 | 6 |
| | 情境2　平面力系的合成与平衡 | ①平面汇交力系的合成与平衡；<br>②平面力偶系合成与平衡；<br>③平面任意力系向简化；<br>④平面任意力系的平衡 | ①解析法解决平面汇交力系的合成与平衡问题；<br>②用合力矩定理、力偶系的合成与平衡条件解题；<br>③叙述力的平移定理；<br>④应用平面力系的平衡方程求解物体系统的平衡问题 | 8 |
| | 情境3　空间力系的平衡 | ①力在空间直角坐标轴上的投影；<br>②力对轴之矩；<br>③空间力系的平衡方程；<br>④物体的重心 | ①计算力对空间直角坐标轴之矩；<br>②应用空间力系的平衡方程求解简单的空间平衡问题；<br>③用分割法和负面积法计算均质物体的重心坐标 | 6 |
| | 情境4　平面图形的几何性质 | ①形心与惯性矩；<br>②极惯性矩、惯性矩；<br>③组合图形的惯性矩；<br>④形心主惯性矩的概念 | ①举例用面积求静矩、计算平面图形的形心；<br>②计算圆形截面对圆心的极惯性矩；<br>③举例求形心主惯性矩 | 4 |
| 项目2　静定结构的内力分析 | 情境1　平面体系的几何组成分析 | ①平面体系自由度和约束；<br>②平面几何不变体系的组成规则；<br>③平面体系的几何组成分析方法 | ①叙述平面几何不变体系的组成规则；<br>②举例求常见的平面体系进行几何组成分析，及多余约束 | 8 |
| | 情境2　静定结构内力分析 | ①轴向拉压杆的内力分析；<br>②静定平面桁架内力计算；<br>③扭转轴的内力分析；<br>④单跨静定梁内力方程和内力图；<br>⑤用微分法、叠加法绘制梁内力图；<br>⑥多跨静定梁内力分析；<br>⑦静定平面刚架内力分析 | ①举例计算轴向拉压杆的轴力、静定平面桁架的轴力；<br>②举例求单跨和多跨静定梁的内力进行分析，并作出弯矩图和剪力图；<br>③举例求解静定平面刚架的内力进行分析，绘制内力图 | 16 |

续上表

| 项目名称 | 学 习 情 境 | 知识、技能内容与要求 | 教学活动设计 | 参考学时 |
| --- | --- | --- | --- | --- |
| 项目3　杆件强度计算 | 情境1　杆件的应力与强度计算 | ①轴向拉压杆的应力；<br>②拉压杆、连接杆、扭转轴的强度计算；<br>③对称弯曲梁的正应力；<br>④最大弯曲正应力；<br>⑤弯曲切应力；<br>⑥梁的强度条件；<br>⑦组合变形 | ①举例计算轴向拉压杆横截面上的正应力；<br>②举例计算轴向拉压杆的强度问题；<br>③挤压与剪切的实用计算；<br>④举例平面弯曲时梁正应力计算公式中各项的意义，并叙述梁横截面上的正应力及切应力的分布规律。能进行梁的强度计算 | 12 |
| | 情境2　应力状态与强度理论 | ①应力状态的概念；<br>②平面应力状态分析；<br>③主应力；<br>④强度理论；<br>⑤复杂应力状态的强度计算 | 举例解释主应力、主平面与最大切应力的概念，并阐述梁主应力迹线的概念及四种强度理论 | 6 |
| 项目4　结构变形及压杆稳定计算 | 情境1　构件的变形和结构的位移计算 | ①平面弯曲梁的变形；<br>②静定结构在荷载作用下的位移计算；<br>③图乘法 | 举例应用积分法和图乘法计算静定结构在荷载作用下的位移 | 8 |
| | 情境2　压杆稳定 | ①细长压杆的临界荷载；<br>②压杆的临界应力；<br>③压杆的稳定计算；<br>④提高压杆稳定性的措施 | ①解释稳定、失稳、临界应力的概念，说明欧拉公式的适用范围；<br>②用折减系数法对压杆进行稳定计算；<br>③列举实例说明提高压杆稳定的措施 | 6 |

**4. 实施建议**

4.1　教学条件

(1)软硬件条件

配备有电脑网络多媒体教学系统教师，学生可以边看老师的多媒体演示边自己动手分析。

(2)师资条件

组成一支职称结构、学历结构、年龄结构、专兼比例合理的课程教学“双师”结构师资队伍。主讲教师具有硕士以上学历和中级以上职称，能综合实施项目教学法、任务驱动法、引导文法等各种行动导向教学法，能较好掌握计算机技术、网络技术等新知识新技能，并具有很强的专业素养和相关职业资格技能证书，动手能力强。

4.2　教学方法

贯彻“以学生为中心”的教学理念，实施行动导向教学方法，学生以小组形式，在教师的引导下通过项目的完成，达到专业知识学习和专业技能训练的目的。创造学习环境，创设有利于学生对知识意义构建的教学情境，在教学情境下使学生能够独立思考、共同探索、协作完成，使老师从知识传授者的角色转为学生学习过程的组织者、咨询者和指导者，使教学过程向学生自觉学习过程转化。每项工作任务完成后，各小组就提交一份成果报告。

针对不同的学习情境,选用不同特点的教学方法,建议采用教学方法如下。

| 项目名称 | 学习情境 | 建议的教学方法 |
|---|---|---|
| 项目1　静力学基础 | 情境1　物体的受力分析 | 问题导向教学法<br>范例教学法 |
| | 情境2　平面力系的合成与平衡 | 问题导向教学法<br>范例教学法 |
| | 情境3　空间力系的平衡 | 范例教学法 |
| | 情境4　平面图形的几何性质 | 范例教学法<br>实习教学法 |
| 项目2　静定结构的内力分析 | 情境1　平面体系的几何组成分析 | 范例教学法 |
| | 情境2　静定结构内力分析 | 范例教学法<br>实习教学法 |
| 项目3　杆件强度计算 | 情境1　杆件的应力与强度计算 | 范例教学法 |
| | 情境2　应力状态与强度理论 | 范例教学法 |
| 项目4　结构变形及压杆稳定计算 | 情境1　构件的变形和结构的位移计算 | 范例教学法 |
| | 情境2　压杆稳定 | 范例教学法<br>实习教学法 |

### 4.3　教学评价

由注重知识考核,变革为注重能力考核,采用形成性考核评价方法。

(1)期末考试占60%,四大项目各占10%。

(2)项目评价采用教师评价和学生自评相结合的形式,即"组长系数制"。每项项目完成后,由各小组提交一份成果报告,内容越丰富越有内涵,全组加分越高;适当时候进行小组答辩,对项目实施能提出新的观点及一些好的建议或相关案例的,适当加分。这样教师先给出各小组得分;组长再根据组员在工作完成中所起的作用和表现状况,初定组员系数(0.8~1.1);再经教师和班干部、组长开"碰头会",对系数进行调整确认;最后小组分乘系数,得各组员的得分。

## 5. 参考资料

(1)参考教材

《建筑力学》,杜建根主编,中国铁道出版社,2006年

《建筑力学》,周国瑾主编,同济大学出版社,2006年

《建筑力学》,杜贵成主编,中国建材工业出版社,2007年

《建筑力学》,周美茹主编,中国建材工业出版社,2007年

建议依据课程标准,以充分体现项目课程设计思想,编写符合基于工作过程、融入轨道交通工程力学要求标准的工学结合教材。

(2)参考杂志

《力学通报》,中国力学协会,中文核心期刊

《铁道科学与工程学报》,中南大学,中文核心期刊

# 《工程地质》课程标准

| 课程名称 | 工程地质 | 英文名称 | Geology Engineering |
|---|---|---|---|
| 参考学时 | 42 | 学分 | 2.5 |

## 1. 前言

### 1.1 课程性质

本课程是高职高专轨道交通工程技术专业的专业主干基础课程。其目标在于培养学生在轨道交通工程施工岗位上,从事相关工程建设施工过程中的使用到的工程地质专项职业能力,达到本专业学生掌握工程地质的基本要求,同时培养学生的精益求精、吃苦耐劳、团结协作的"铺路石"品格的职业素质以及日后从事轨道工程工作所需的方法能力和社会能力。

本课程为城市轨道交通工程技术专业基础课,其是今后学习《土力学与地基基础》、《地下铁道施工技术》、《轨道工程》、《桥梁工程施工》等的基础。

### 1.2 设计思路

本课程的总体设计思路是:紧扣城市轨道交通工程技术专业的人才培养方案,以"四个合作"为指导,共同进行课程建设和课程教学。打破以知识传授为主要特征的传统学科课程模式,转变为以工程项目、工作任务为中心组织课程内容,并将职业素质培养、专业素质融入课程,实施教学做一体化法和过程性评价方法,以此发展学生的职业能力和职业素养。

在课程内容设计上,邀请行业企业专家对城市轨道交通工程技术专业的专业背景、专业所涵盖的岗位群进行工作任务和职业能力分析,以及支撑专业核心能力的课程分析,并以此为依据确定本课程的工程项目、工作任务和课程内容。根据轨道交通基础工程所涉及的工程地质相关知识和技能要求,设计若干个项目;再将每个项目具体细化,划分为若干个学习任务。项目编排的思路是由简单到复杂,而每个项目学习任务的编排,则是按照实际工作过程进行编排。

在课程教学方法和教学手段设计上,以项目组织教学,并让学生在完成具体项目的过程中学会完成相应工作任务,根据高职学生的认知规律和知识基础,实施情境化和理实一体化教学,使学生做到"学中做,做中学",并以此锻炼学生自主探索、合作学习的能力。

在教学效果考核上,采取过程评价与结果评价相结合的方式,重点考核学生的职业能力。

## 2. 课程目标

### 2.1 专业能力

要求学生能熟练工程地质的相关专业知识。

(1)能熟悉掌握常见矿物、岩石的种类、性质与鉴定方法,学生能识别岩石的能力。

(2)能熟悉掌握地质构造的基本知识。

(3)能熟悉掌握地下水知识及对地下工程施工的影响。

(4)能熟悉掌握某些不良地质现象和常见特殊土的工程性质,学生能掌握特殊土的地基处理方法。

### 2.2 学习能力

学生能根据工程建设中的工程地质条件,会根据地质知识处理工程施工中的问题及指导工程实践。

2.3　社会能力

通过项目训练，提高学生团结协作、吃苦耐劳、实事求是、诚信为本的能力；培养学生与人沟通、协调工作的能力；增强学生事故保护、安全防范意识。

**3. 课程内容和要求**

根据专业课程目标和涵盖的工作任务要求，确定课程内容和要求，说明学生应获得的知识、技能与态度。

根据以上设计思路和课程目标，本课程教学设计项目、工作任务以及对应的学时数如下。

| 项目名称 | 学习情境 | 知识、技能内容与要求 | 教学活动设计 | 参考学时 |
|---|---|---|---|---|
| 项目1　常见矿物、岩石的种类、性质与鉴定方法 | 情境1　常见矿物 | ①各种矿物；<br>②矿物鉴别 | 借助图片和视频进行讲解 | 2 |
| | 情境2　岩石 | ①岩石分类；<br>②岩石的鉴定方法 | 学生进入工程地质实验室观看各种岩石，根据岩石的性质判断岩石的种类 | 6 |
| 项目2　地质构造 | 情境1　岩层与产状 | 岩层产状与地层接触关系 | 利用图片、视频等进行讲解 | 4 |
| | 情境2　褶皱、断层 | ①褶皱要素、类型、褶皱的野外识别、褶皱构造的工程地质评价；<br>②节理的类型、节理对工程的影响；<br>③断层要素、断层的类型、断层的工程地质评价、活断层 | 利用图片视频，结合野外实际地质进行讲解 | 8 |
| 项目3　水的地质作用 | 情境1　地表水 | ①地表水的基本概念；<br>②地表水的类型； | 给出地表水的基本知识，列出不同地表水类型进行讲解 | 4 |
| | 情境2　地下水 | ①地下水的基本概念；<br>②地下水的类型 | 给出地下水的基本知识，并与地表水进行对比分析 | 4 |
| | 情境3　地下水的补给、径流与排泄 | ①地下水的补给；<br>②地下水的径流；<br>③地下水的排泄；<br>④地下水与工程 | 利用动画模型等进行分析讲解，并用此进行工程实践 | 4 |
| 项目4　不良地质现象和常见特殊土 | 情境1　常见特性土的工程性质 | 常见特殊土的工程性质 | 根据实际的案例进行分析讲解 | 4 |
| | 情境2　常见不良地质现象与软土的地基处理 | ①常见不良地质现象；<br>②软土的地基处理方法 | 给出不良地质的工程实例（包括软土地基）进行分析讲解 | 6 |

**4. 实施建议**

4.1　教学条件

（1）软硬件条件

采用多媒体网络教学，授课及视频教学相结合，课程教学与工程实践相结合。

（2）师资条件

组成一支职称结构、学历结构、年龄结构、专兼比例合理的课程教学“双师”结构师资队伍。主讲教师具有硕士以上学历和中级以上职称，能综合实施项目教学法、任务驱动法、引导文法等各种行动导向教学法，能较好掌握计算机技术、网络技术等新知识新技能，并具有相关职业资格技能证书，动手能力强；辅助教师应具有较强的职业技能，具有较丰富的企业一线工作经验，具有高级工以上职业资格证书。

4.2　教学方法

贯彻“以学生为中心”的教学理念，实施行动导向教学方法，学生以小组形式，在教师的引导下通过项目的完成，达到专业知识学习和专业技能训练的目的。创造学习环境，创设有利于学生对知识意义构建的教学情境，在教学情境下使学生能够独立思考、共同探索、协作完成，使老师从知识传授者的角色转为学生学习过程的组织者、咨询者和指导者，使教学过程向学生自觉学习过程转化。每项工作任务完成后，各小组就提交一份成果报告。

针对不同的学习情境，选用不同特点的教学方法，建议采用教学方法如下。

| 项目名称 | 学习情境 | | 建议的教学方法 |
|---|---|---|---|
| 项目1　常见矿物、岩石的种类、性质与鉴定方法 | 情境1 | 常见矿物 | 引导文教学法 |
| | 情境2 | 岩石 | 任务教学法 |
| 项目2　地质构造 | 情境1 | 岩层与产状 | 项目教学法<br>范例教学法 |
| | 情境2 | 褶皱、断层 | 项目教学法<br>范例教学法 |
| 项目3　水的地质作用 | 情境1 | 地表水 | 范例教学法 |
| | 情境2 | 地下水 | 范例教学法 |
| | 情境3 | 地下水的补给、径流与排泄 | 范例教学法 |
| 项目4　不良地质现象和常见特殊土 | 情境1 | 常见特性土的工程性质 | 引导文教学法<br>项目教学法 |
| | 情境2 | 常见不良地质现象与软土的地基处理 | 项目教学法 |

4.3　教学评价

由注重知识考核，变革为注重能力考核，采用形成性考核评价方法。

(1)期末考试占50%，四大项目共占50%　。

(2)项目评价采用教师评价和学生自评相结合的形式，即“组长系数制”。每项项目完成后，由各小组提交一份成果报告，内容越丰富越有内涵，全组加分越高；适当时候进行小组答辩，对项目实施能提出新的观点及一些好的建议或相关案例的，适当加分。这样教师先给出各小组得分；组长再根据组员在工作完成中所起的作用和表现状况，初定组员系数(0.8～1.1)；再经教师和班干部、组长开“碰头会”，对系数进行调整确认；最后小组分乘系数，得各组员的得分。

**5.参考资料**

(1)参考教材

《工程地质》，任宝玲主编，人民交通出版社，2009年

《土木工程地质》，李隽蓬等主编，西南交通大学出版社，2009年

《工程地质》，孙家齐主编，武汉理工大学出版社，2007年

《工程地质基础实习实验教程》,白明主编,清华大学出版社,2007 年

《工程地质》,臧秀平主编,人民交通出版社,2005 年

建议依据课程标准,以充分体现项目课程设计思想,编写符合基于工作过程、融入工程建设地质标准的工学结合教材。

(2)参考杂志

《工程地质学报》,中国科学院地质与地球物理研究所,中文核心期刊

《水文地质工程地质》,中国地质环境监测院,中文核心期刊

# 《土力学与地基基础》课程标准

| 课程名称 | 土力学与地基基础 | 英文名称 | Soil mechanics and Foundation |
|---|---|---|---|
| 参考学时 | 50 | 学分 | 3.5 |

**1. 前言**

1.1 课程性质

本课程是高职高专轨道交通工程技术专业的专业主干基础课程。其目标在于培养学生在轨道交通工程施工岗位上，从事相关工程建设施工过程中的使用到的土力学原理及地基基础知识的专项职业能力，达到本专业学生掌握土力学与地基基础的基本要求，同时培养学生的精益求精、吃苦耐劳、团结协作的“铺路石”品格的职业素质以及日后从事轨道工程工作所需的方法能力和社会能力。

本课程为城市轨道交通工程技术专业基础课，其是今后学习《选线与路基工程》、《地下铁道施工技术》、《桥梁工程施工》的基础。

1.2 设计思路

本课程的总体设计思路是：紧扣城市轨道交通工程技术专业的人才培养方案，以“基于工作过程”为指导，校企合作，共同进行课程建设和课程教学。打破以知识传授为主要特征的传统学科课程模式，转变为以工程项目、学习情境为中心组织课程内容，并将职业素质培养、专业素质融入课程，实施教学做一体化法和过程性评价方法，以此发展学生的职业能力和职业素养。

在课程内容设计上，邀请行业企业专家对城市轨道交通工程技术专业的专业背景、专业所涵盖的岗位群进行学习情境和职业能力分析，以及支撑专业核心能力的课程分析，并以此为依据确定本课程的工程项目、学习情境和课程内容。根据轨道交通工程所涉及的土力学与地基基础相关知识和技能要求，设计若干个项目，再将每个项目具体细化，划分为若干个学习情境。项目编排的思路是由简单到复杂，而每个项目学习情境的编排，则是按照实际工作过程进行编排。

在课程教学方法和教学手段设计上，以项目组织教学，并让学生在完成具体项目的过程中学会完成相应学习情境，根据高职学生的认知规律和知识基础，实施情境化和理实一体化教学，使学生做到“学中做，做中学”，并以此锻炼学生自主探索、合作学习的能力。

在教学效果考核上，采取过程评价与结果评价相结合的方式，重点考核学生的职业能力。

**2. 课程目标**

2.1 专业能力

要求学生能熟练工程建设中的土力学与地基基础的相关专业基础知识。

(1)能熟悉掌握土的分类方法，土的工程性质。

(2)能熟悉掌握土工试验方法，学生具有从事土木工程试验及试验数据分析的能力。

(3)熟悉掌握土的力学性能及相关计算方法，学生具有掌握土力学基本原理的能力。

(4)熟悉掌握天然地基上浅基础的设计，以及桩基础、基坑工程的基本知识。

(5)能熟悉掌握软弱地基的处理方法，学生具有从事软弱地基处理的施工能力。

2.2 学习能力

学生在从事工程建设中，会根据土力学与地基基础知识处理工程施工中的问题及指导工程实践。

2.3　社会能力

通过项目训练，提高学生团结协作、吃苦耐劳、实事求是、诚信为本的能力；培养学生与人沟通、协调工作的能力；增强学生事故保护、安全防范意识。

**3. 课程内容和要求**

根据专业课程目标和涵盖的学习情境要求，确定课程内容和要求，说明学生应获得的知识、技能与态度。

根据以上设计思路和课程目标，本课程教学设计的项目、学习情境以及对应的学时数如下。

| 项目名称 | 学习情境 | 知识、技能内容与要求 | 教学活动设计 | 参考学时 |
| --- | --- | --- | --- | --- |
| 项目1　土的力学性能及相关计算方法 | 情境1　土的工程性质 | ①土的三相组成和结构；<br>②土的物理性质指标；<br>③土的物理状态指标；<br>④土的工程分类 | 根据土的三相图，给出土的某些指标求出其他指标。判别土的工程分类 | 6 |
| | 情境2　土的压缩性与地基沉降计算 | ①地基中的自重应力、基底压力的计算、地基中的附加应力；<br>②土的压缩性与基础沉降计算方法 | 给出土的地质勘查资料，计算某基础下的附加应力及基础沉降计算 | 8 |
| | 情境3　土的抗剪强度与地基承载力 | ①土的抗剪强度规律和极限平衡条件；<br>②总应力强度指标与有效应力强度指标 | 给出路基工程中的挡土墙设计条件，完成挡土墙设计，并验算地基承载力 | 8 |
| 项目2　边坡工程 | 情境1　挡土墙设计 | ①朗肯土压力理论；<br>②库仑土压力理论；<br>③挡土墙设计 | 给出路基工程中的挡土墙设计条件，完成挡土墙设计及验算 | 6 |
| | 情境2　边坡稳定分析 | ①土坡稳定分析；<br>②边坡支护方法 | 给出路基工程中的边坡参数，对其进行边坡稳定分析 | 4 |
| 项目3　基础工程 | 情境1　浅基础设计及施工 | ①基础的埋置深度、地基承载力的确定、基础尺寸的设计；<br>②浅基础施工 | 给出工程实例及工程地质资料进行扩展基础设计 | 4 |
| | 情境2　桩基础设计与施工 | ①桩及桩基础的分类；<br>②桩的承载力；<br>③桩基设计 | 给出工程实例及工程地质资料进行桩基础设计、验算及桩基承台设计 | 6 |
| | 情境3　基坑工程 | ①排桩支护结构设计；<br>②基坑稳定性分析；<br>③施工与监测 | 给出工程实例及工程地质勘查资料，对基坑稳定性验算，并设计基坑监测方案 | 2 |
| 项目4　地基工程 | 情境1　软弱地基的处理方法 | 软弱地基处理的各种方法的设计及施工 | 给出某工程软弱地基，进行软弱地基处设计 | 4 |
| | 情境2　岩土工程勘探方法 | ①简单勘探；<br>②钻探；<br>③地球物理勘探 | 给出某工程岩土工程勘察报告，要求读懂地质剖面图等 | 2 |

## 4. 实施建议

### 4.1 教学条件

(1)软硬件条件

采用多媒体网络教学,授课及视频教学相结合,课程教学与工程实验相结合。

(2)师资条件

组成一支职称结构、学历结构、年龄结构、专兼比例合理的课程教学"双师"结构师资队伍。主讲教师具有硕士以上学历和中级以上职称,能综合实施项目教学法、任务驱动法、引导文法等各种行动导向教学法,能较好掌握计算机技术、网络技术等新知识新技能,并具有相关职业资格技能证书,动手能力强;辅助教师应具有较强的职业技能,具有较丰富的企业一线工作经验,具有高级工以上职业资格证书。

### 4.2 教学方法

贯彻"以学生为中心"的教学理念,实施行动导向教学方法,学生以小组形式,在教师的引导下通过项目的完成,达到专业知识学习和专业技能训练的目的。创造学习环境,创设有利于学生对知识意义构建的教学情境,在教学情境下使学生能够独立思考、共同探索、协作完成,使老师从知识传授者的角色转为学生学习过程的组织者、咨询者和指导者,使教学过程向学生自觉学习过程转化。每项学习情境完成后,各小组就提交一份成果报告。

针对不同的学习情境,选用不同特点的教学方法,建议采用教学方法如下。

| 项 目 名 称 | 学 习 情 境 | 建议的教学方法 |
|---|---|---|
| 项目1 土的力学性能及相关计算方法 | 情境1 土的工程性质 | 项目教学法、范例教学法 |
| | 情境2 土的压缩性与地基沉降计算 | 范例教学法、项目教学法 |
| | 情境3 土的抗剪强度与地基承载力 | 范例教学法、项目教学法 |
| | 情境4 土压力与土坡稳定分析 | 项目教学法 |
| 项目2 边坡工程 | 情境1 挡土墙设计 | 演示教学法 |
| | 情境2 边坡稳定分析 | 范例教学法、项目教学法 |
| 项目3 基础工程 | 情境1 浅基础设计及施工 | 范例教学法、项目教学法 |
| | 情境2 桩基础设计与施工 | 项目教学法、范例教学法 |
| | 情境3 基坑工程 | 项目教学法、演示教学法 |
| 项目4 地基工程 | 情境1 软弱地基的处理方法 | 范例教学法、项目教学法 |
| | 情境2 岩土工程勘探方法 | 项目教学法 |

### 4.3 教学评价

由注重知识考核,变革为注重能力考核,采用形成性考核评价方法。

(1)期末考试占60%,四大项目各占10%。

(2)项目评价采用教师评价和学生自评相结合的形式,即"组长系数制"。每项项目完成后,由各小组提交一份成果报告,内容越丰富越有内涵,全组加分越高;适当时候进行小组答辩,对项目实施能提出新的观点及一些好的建议或相关案例的,适当加分。这样教师先给出各小组得分;组长再根据组员在工作完成中所起的作用和表现状况,初定组员系数(0.8~1.1);再经教师和班干部、组长开"碰头会",对系数进行调整确认;最后小组分乘系数,得各组员的得分。

**5. 参考资料**

(1)参考教材

《土力学与基础工程》,务新超主编,机械工业出版社,2007 年

《土力学》,赵树德主编,高等教育出版社,2001 年

《地基处理》,魏新江主编,浙江大学出版社,2007 年

《土工试验与土力学教学指导》,王玉珏主编,黄河水利出版社,2004 年

建议依据课程标准,以充分体现项目课程设计思想,编写符合基于工作过程、融入工程建设应用到的土力学知识标准的工学结合教材。

(2)参考杂志

《岩土工程学报》,南京水利科学研究院,中文核心期刊

《岩土力学》,中国科学院武汉岩土力学研究所,中文核心期刊

《岩石力学与工程学报》,中国岩石力学与工程学会,中文核心期刊

# 《建筑构造》课程标准

| 课程名称 | 建筑构造 | 英文名称 | Building Construction |
|---|---|---|---|
| 参考学时 | 48 | 学分 | 2.5 |

**1. 前言**

1.1 课程性质

本课程是高职高专轨道交通工程技术专业的专业主干基础课程,其目标在于使学生掌握建筑构造基本知识,培养学生在轨道交通基础工程施工岗位上,从事相关建筑结构和地下结构设计、施工的专项职业能力,同时培养学生精益求精、吃苦耐劳、团结协作的“铺路石”品格,为学生日后从事轨道工程工作打下良好的职业基础。

本课程为城市轨道交通工程技术专业基础课,为今后专业课程学习打下基础。

1.2 设计思路

本课程的总体设计思路是:紧扣城市轨道交通工程技术专业的人才培养方案,以“四个合作”为指导,共同进行课程建设和课程教学。打破以知识传授为主要特征的传统学科课程模式,转变为以工程项目、工作任务为中心组织课程内容,并将职业素质培养、专业素质融入课程,实施教学做一体化法和过程性评价方法,以此发展学生的职业能力和职业素养。

在课程内容设计上,邀请行业企业专家对城市轨道交通工程技术专业的专业背景、专业所涵盖的岗位群进行工作任务和职业能力分析,以及支撑专业核心能力的课程分析,并以此为依据确定本课程的工程项目、工作任务和课程内容。根据轨道交通基础工程所涉及的建筑构造相关知识和技能要求,设计若干个项目;再将每个项目具体细化,划分为若干个工作。项目任务。编排的思路是由简单到复杂,而每个项目工作任务的编排,则是按照实际工作过程进行编排。

在课程教学方法和教学手段设计上,以项目组织教学,并让学生在完成具体项目的过程中学会完成相应工作任务,根据高职学生的认知规律和知识基础,实施情境化和理实一体化教学,使学生做到“学中做,做中学”,并以此锻炼学生自主探索、合作学习的能力。

在教学效果考核上,采取过程评价与结果评价相结合的方式,重点考核学生的职业能力。

**2. 课程目标**

2.1 专业能力

要求学生能熟练掌握建筑构造的相关专业基础知识。

(1)熟悉地基与基础基本知识。

(2)掌握建筑构造中的墙、楼板层、地层的基本知识。

(3)掌握楼梯、电梯、台阶、坡道的施工方法。

(4)掌握屋顶、门窗、地下室的施工方法。

(5)熟悉装修构造的基本知识。

2.2 学习能力

学生在从事工程建设中,会根据建筑构造的知识处理工程施工中的问题及指导工程实践。

2.3 社会能力

通过项目训练,提高学生团结协作、吃苦耐劳、实事求是、诚信为本的能力;培养学生与人沟通、协调工作的能力；增强学生事故保护、安全防范意识。

**3. 课程内容和要求**

根据专业课程目标和涵盖的工作任务要求，确定课程内容和要求，说明学生应获得的知识、技能与态度。

根据以上设计思路和课程目标，本课程教学设计的项目、工作任务以及对应的学时数如下。

| 项目名称 | 学 习 情 境 | 知识、技能内容与要求 | 教学活动设计 | 参考学时 |
|---|---|---|---|---|
| 项目1 地基与基础 | 情境1 地基、基础 | ①地基的构造；<br>②基础的形式及构造 | 讲解地基与基础的构造 | 8 |
| 项目2 墙、楼板层、地层 | 情境2 墙、楼板层、地层 | ①砌筑墙、骨架墙、隔墙；<br>②钢筋混凝土楼板层；<br>③混凝土地层楼；<br>④地层的保温、隔声与防潮、防水；<br>⑤阳台与雨棚 | 讲解各种墙、楼板层、地层的构造及施工 | 14 |
| 项目3 楼梯、电梯、台阶、坡道 | 情境3 楼梯、电梯、台阶与坡道 | ①楼梯的构造；<br>②电梯的构造；<br>③台阶与坡道 | 给出某地铁车站，要求根据运客量设计此地铁车站的楼梯、电梯、台阶与坡道 | 8 |
| 项目4 屋顶、门窗、地下室 | 情境4 屋顶、门窗、地下室 | ①平屋顶、坡屋顶、大跨建筑屋面；<br>②门窗；<br>③地下室设计及施工；<br>④地下室的防潮、防水 | 给出工程实例进行地下室设计及施工 | 8 |
| 项目5 装修构造 | 情境5 墙面装修构造、地面装修构造、顶棚装修构造 | ①装修构造设计原则；<br>②墙面、地面、顶棚装修 | 给出一间建成的房屋，要求进行墙面、地面、顶棚装修设计及施工 | 10 |

**4. 实施建议**

4.1 教学条件

(1)软硬件条件

采用多媒体网络教学，授课及视频教学相结合，课程教学与工程实验相结合。

(2)师资条件

组成一支职称结构、学历结构、年龄结构、专兼比例合理的课程教学“双师”结构师资队伍。主讲教师具有硕士以上学历和中级以上职称，能综合实施项目教学法、任务驱动法、引导文法等各种行动导向教学法，能较好掌握计算机技术、网络技术等新知识新技能，并具有相关职业资格技能证书，动手能力强；辅助教师应具有较强的职业技能，具有较丰富的企业一线工作经验，具有高级工以上职业资格证书。

4.2 教学方法

贯彻“以学生为中心”的教学理念，实施行动导向教学方法，学生以小组形式，在教师的引导下通过项目的完成，达到专业知识学习和专业技能训练的目的。创造学习环境，创设有利于学生对知识意义构建的教学情境，在教学情境下使学生能够独立思考、共同探索、协作完成，使老师从知识传授者的角色转为学生学习过程的组织者、咨询者和指导者,使教学过程向学生自觉学习过程转化。每项工作任务完成后,各小组就提交一份成果报告。

针对不同的学习情境,选用不同特点的教学方法,建议采用教学方法如下。

| 项目名称 | 学习情境 | 建议的教学方法 |
|---|---|---|
| 项目1　地基与基础 | 情境1　地基、基础 | 项目教学法 |
| 项目2　墙、楼板层、地层 | 情境2　墙、楼板层、地层 | 项目教学法 |
| 项目3　楼梯、电梯、台阶、坡道 | 情境3　楼梯、电梯、台阶与坡道 | 项目教学法 |
| 项目4　屋顶、门窗、地下室 | 情境4　屋顶、门窗、地下室 | 项目教学法 |
| 项目5　装修构造 | 情境5　墙面装修构造、地面装修构造、顶棚装修构造 | 项目教学法 |

4.3　教学评价

由注重知识考核,变革为注重能力考核,采用形成性考核评价方法。

(1)期末考试占50%,五大项目共占50%。

(2)项目评价采用教师评价和学生自评相结合的形式,即“组长系数制”。每项项目完成后,由各小组提交一份成果报告,内容越丰富越有内涵,全组加分越高;适当时候进行小组答辩,对项目实施能提出新的观点及一些好的建议或相关案例的,适当加分。这样教师先给出各小组得分;组长再根据组员在工作完成中所起的作用和表现状况,初定组员系数(0.8~1.1);再经教师和班干部、组长开“碰头会”,对系数进行调整确认;最后小组分乘系数,得各组员的得分。

**5.参考资料**

(1)参考教材

《建筑构造》,金虹主编,清华大学出版社,2005年

《建筑构造》,李必瑜主编,中国建筑工业出版社,2005年

建议依据课程标准,以充分体现项目课程设计思想,编写符合基于工作过程、融入工程建设应用到的建筑构造知识标准的工学结合教材。

(2)参考杂志

《建筑结构》,中国建筑设计研究院、亚太建设科技信息研究院、中国土木工程学会,中文核心期刊

《建筑结构学报》,中国建筑学会,中文核心期刊

《建筑学报》,中国建筑学会,中文核心期刊

# 《钢筋混凝土结构》课程标准

| 课程名称 | 钢筋混凝土结构 | 英文名称 | Reinforced concrete structure |
|---|---|---|---|
| 参考学时 | 64 | 学分 | 3.5 |

**1. 前言**

1.1　课程性质

本课程是高职高专轨道交通工程技术专业的专业主干课程。其目标在于使学生掌握钢筋混凝土结构基本知识,培养学生在轨道交通工程施工岗位上,从事相关建筑结构和地下结构设计、施工的专项职业能力,同时培养学生精益求精、吃苦耐劳、团结协作的"铺路石"品格,为学生日后从事轨道工程工作打下良好的职业基础。

本课程以《高等(应用)数学》、《建筑力学》、《土力学与地基基础》等课程为基础,也是进一步学习《轨道与路基工程》、《桥梁工程施工》、《地下铁道施工技术》等后续专业课程的基础。

1.2　设计思路

本课程的总体设计思路是:紧扣城市轨道交通工程技术专业的人才培养方案,以"四个合作"为指导,共同进行课程建设和课程教学。打破以知识传授为主要特征的传统学科课程模式,转变为以工程项目、工作任务为中心组织课程内容,并将职业素质培养、专业素质融入课程,实施教学做一体化法和过程性评价方法,以此发展学生的职业能力和职业素养。

在课程内容设计上,邀请行业企业专家对城市轨道交通工程技术专业的专业背景、专业所涵盖的岗位群进行工作任务和职业能力分析,以及支撑专业核心能力的课程分析,并以此为依据确定本课程的工程项目、工作任务和课程内容。根据轨道交通基础工程所涉及的建筑工程和地下结构设计、施工相关知识和技能要求,设计若干个项目,再将每个项目具体细化,划分为知识任务。项目编排的思路是由简单到复杂,而每个项目学习内容的编排,则是按照实际工作过程进行编排。

在课程教学方法和教学手段设计上,以项目组织教学,并让学生在完成具体项目的过程中学会完成相应工作任务,根据高职学生的认知规律和知识基础,实施情境化和理实一体化教学,利用课程教学及钢筋混凝土课程设计相结合的方法,使学生做到"学中做,做中学",并以此锻炼学生自主探索、合作学习的能力。

在教学效果考核上,采取过程评价与结果评价相结合的方式,重点考核学生的职业能力。

**2. 课程目标**

2.1　专业能力

要求学生能熟悉建筑结构,地下结构设计、施工、监理、监测的相关专业知识。

(1)通过混凝土和钢筋材料性能的学习,学生能掌握混凝土和钢筋材料性能试验的能力。

(2)通过钢筋混凝土结构设计方法的学习,学生能根据设计方法从事钢筋混凝土结构设计。

(3)通过钢筋混凝土各种承载力计算的学习,学生能根据承载力计算结果从事结构设计及施工。

(4)通过钢筋混凝土构件变形及裂缝宽度的验算的学习,学生能根据规范对结构进行裂缝验算。

(5)通过预应力结构的学习,学生具有从事预应力构件的施工的能力。

2.2 学习能力

学生能根据轨道工程的施工规范、施工工艺要求,会学习使用施工规范,进行施工方案设计及施工技术管理;能通过探索,掌握各种钢筋混凝土结构设计原理及方法的能力。

2.3 社会能力

通过项目训练,提高学生团结协作、吃苦耐劳、实事求是、诚信为本的能力;培养学生与人沟通、协调工作的能力;增强学生事故保护、安全防范意识。

**3. 课程内容和要求**

根据专业课程目标和涵盖的工作任务要求,确定课程内容和要求,确定学生应获得的知识、技能与态度。

根据以上设计思路和课程目标,本课程教学设计项目、工作任务以及对应的学时数如下。

| 项目名称 | 学习情境 | 知识、技能内容与要求 | 教学活动设计 | 参考学时 |
|---|---|---|---|---|
| 项目1 混凝土和钢筋材料性能 | 情境1 混凝土材料性能<br>情境2 钢筋材料性能<br>情境3 钢筋材料性能试验 | ①混凝土的强度;<br>②混凝土的变形;<br>③钢筋与混凝土的黏结;<br>④钢筋的锚固和搭接;<br>⑤钢筋材料性能试验 | 讲解钢筋及混凝土的材料性能,并进行钢筋材料性能试验 | 12 |
| 项目2 钢筋混凝土结构设计方法 | 情境1 极限状态设计表达式<br>情境2 正常状态设计表达式 | ①极限状态设计方法;<br>②正常使用状态设计方法 | 进行荷载计算 | 10 |
| 项目3 钢筋混凝土各种承载力计算 | 情境1 受弯构件正截面、斜截面承载力的计算<br>情境2 受压构件正截面承载力的计算 | ①单筋、双筋矩形截面、T形截面受弯构件正截面承载力的计算与构造要求;<br>②无腹、有腹筋梁斜截面的受剪性能;<br>③轴心受压、矩形截面偏心受压构件正截面承载力的计算 | 给出某设计截面,要求对这截面进行正截面,斜截面计算并配筋 | 18 |
| 项目4 钢筋混凝土构件变形及裂缝宽度的验算 | 情境1 受弯构件变形的验算<br>情境2 裂缝宽度的验算 | ①变形控制的目的和要求;<br>②受弯构件变形的验算;<br>③裂缝控制的目的和等级;<br>④裂缝宽度的验算;<br>⑤非荷载引起的裂缝 | 给出工程实例,要求进行构件的变形和裂缝验算 | 12 |
| 项目5 预应力混凝土构件 | 情境1 预应力混凝土材料<br>情境2 预应力损失 | ①预应力混凝土的基本概念;<br>②预应力混凝土材料;<br>③预应力损失 | 给出某工程实例,要求掌握基本预应力技术 | 12 |

## 4. 实施建议

### 4.1 教学条件

(1)软硬件条件

采用多媒体网络教学,授课及视频教学相结合,以及教学与课程设计相结合。

(2)师资条件

组成一支职称结构、学历结构、年龄结构、专兼比例合理的课程教学“双师”结构师资队伍。主讲教师具有硕士以上学历和中级以上职称,能综合实施项目教学法、任务驱动法、引导文法等各种行动导向教学法,能较好掌握计算机技术、网络技术等新知识新技能,并具有相关职业资格技能证书,动手能力强;辅助教师应具有较强的职业技能,具有较丰富的企业一线工作经验,具有高级工以上职业资格证书。

### 4.2 教学方法

贯彻“以学生为中心”的教学理念,实施行动导向教学方法,学生以小组形式,在教师的引导下通过项目的完成,达到专业知识学习和专业技能训练的目的。创造学习环境,创设有利于学生对知识意义构建的教学情境,在教学情境下使学生能够独立思考、共同探索、协作完成,使老师从知识传授者的角色转为学生学习过程的组织者、咨询者和指导者,使教学过程向学生自觉学习过程转化。每项工作任务完成后,各小组就提交一份成果报告。

针对不同的学习情境,选用不同特点的教学方法,建议采用教学方法如下。

| 项 目 名 称 | 学 习 情 境 | 建议的教学方法 |
|---|---|---|
| 项目1 混凝土和钢筋材料性能 | 情境1 混凝土材料性能;<br>情境2 钢筋材料性能;<br>情境3 钢筋材料性能试验 | 引导文教学法<br>项目教学法 |
| 项目2 钢筋混凝土结构设计方法 | 情境1 极限状态设计表达式<br>情境2 正常状态设计表达式 | 引导文教学法 |
| 项目3 钢筋混凝土各种承载力计算 | 情境1 受弯构件正截面、斜截面承载力的计算<br>情境2 受压构件正截面承载力的计算 | 项目教学法、范例教学法 |
| 项目4 钢筋混凝土构件变形及裂缝宽度的验算 | 情境1 受弯构件变形的验算<br>情境2 裂缝宽度的验算 | 项目教学法、范例教学法 |
| 项目5 预应力混凝土构件 | 情境1 预应力混凝土材料<br>情境2 预应力损失 | 项目教学法、范例教学法 |

### 4.3 教学评价

由注重知识考核,变革为注重能力考核,采用形成性考核评价方法。

(1)期末考试占50%,五大项目共占50%。

(2)项目评价采用教师评价和学生自评相结合的形式,即“组长系数制”。每项项目完成后,由各小组提交一份成果报告,内容越丰富越有内涵,全组加分越高;适当时候进行小组答辩,对项目实施能提出新的观点及一些好的建议或相关案例的,适当加分。这样教师先给出各小组得分;组长再根据组员在工作完成中所起的作用和表现状况,初定组员系数(0.8~1.1);再经教师和班干部、组长开“碰头会”,对系数进行调整确认;最后小组分乘系数,得各组员的得分。

**5. 参考资料**

(1)参考教材

《钢筋混凝土结构》,舒士霖主编,浙江大学出版社,2003 年

《钢筋混凝土与砌体结构》,曾燕主编,中国水利水电出版社,2007 年

《钢筋混凝土结构》,宋玉普主编,机械工业出版社,2004 年

建议依据课程标准,以充分体现项目课程设计思想,编写符合基于工作过程、融入钢筋混凝土结构的职业标准的工学结合教材。

(2)参考杂志

《建筑结构》,中国建筑设计研究院、亚太建设科技信息研究院、中国土木工程学会,中文核心期刊

《建筑结构学报》,中国建筑学会,中文核心期刊

《建筑学报》,中国建筑学会,中文核心期刊

《地下空间与工程学报》,重庆大学,中文核心期刊

# 《工程监理》课程标准

| 课程名称 | 工程监理 | 英文名称 | Project Management |
| --- | --- | --- | --- |
| 参考学时 | 32 | 学分 | 2 |

## 1. 前言

### 1.1 课程性质

本课程是高职高专轨道交通工程技术专业的专业课程，其目标在于培养学生在工程建设中施工、监理等专项能力，为学生从事监理工作和以后考取执业资格证打下基础，同时培养学生的精益求精、吃苦耐劳、团结协作的“铺路石”品格的职业素质和日后从事轨道工程工作所需的方法能力和社会能力。

本课程以《轨道工程》、《桥梁工程施工》、《地下铁道施工技术》、《施工组织与概预算》等课程的学习为基础。

### 1.2 设计思路

本课程的总体设计思路是：紧扣城市轨道交通工程技术专业的人才培养方案，围绕“四个合作”，“以市场需求为导向，以职业能力为核心”，校企共同进行课程建设和课程教学。打破以知识传授为主要特征的传统学科课程模式，转变为以工程项目、工作任务为中心组织课程内容，并将职业素质培养、职业资格考证标准融入课程，实施教学做一体化法和过程性评价方法，以此发展学生的职业能力和职业素养。

在课程内容设计上，邀请行业企业专家对城市轨道交通工程技术专业的专业背景、专业所涵盖的岗位群进行工作任务和职业能力分析，以及支撑专业核心能力的课程分析，并以此为依据确定本课程的工程项目、工作任务和课程内容。根据轨道交通工程所涉及的轨道及基础等施工监理的相关知识和技能要求，设计若干个项目，再将每个项目具体细化，划分为若干个学习情境。

在课程教学方法和教学手段设计上，以项目案例组织教学，并让学生在完成具体项目案例的过程中学会完成相应工作任务，根据高职学生的认知规律和知识基础，实施情境化和理实一体化教学，利用校外内现场实习基地，并以此锻炼学生实际解决问题的能力。

在教学效果考核上，采取过程评价与结果评价相结合的方式，重点考核学生的职业能力。

## 2. 课程目标

### 2.1 专业能力

要求学生能熟练掌握轨道工程施工监理的基本技能，能够进行轨道等土木工程工程施工监理的基本工作，主要掌握以下内容：

(1)工程监理的基本概念。

(2)工程项目建设监理组织。

(3)工程建设监理规划。

(4)施工阶段的监理。

(5)工程建设监理的组织与协调及文件管理。

### 2.2 学习能力

通过本课程的学习，发散学生思维，培养学生的自主学习的能力以及分析问题的能力。

2.3　社会能力

通过实习，提高学生团结协作、吃苦耐劳、实事求是、诚信为本的能力；培养学生与人沟通、协调工作的能力；增强学生事故保护、安全防范意识。

**3. 课程内容和要求**

根据专业课程目标和涵盖的工作任务要求，确定课程内容和要求，说明学生应获得的知识、技能与态度。

根据以上设计思路和课程目标，本课程教学设计的项目、学习情境以及对应的学时数如下。

| 项目名称 | 学 习 情 境 | 知识、技能内容与要求 | 教学活动设计 | 参考学时 |
| --- | --- | --- | --- | --- |
| 项目1　工程监理的基本概念 | 情境1　监理的基本理论 | ①监理的发展；<br>②监理基本原理 | 根据不同的阶段发展，列举不同的案例进行总体的分析讲解 | 2 |
| | 情境2　监理工程师 | ①监理工程师制度；<br>②监理工程师的职责 | 与学生交流他们的以后发展方向，包含课程所需信息 | 2 |
| | 情境3　监理的工作制度 | 监理的工作制度 | 结合实际监理公司的工作制度进行讲解 | 2 |
| 项目2　工程监理组织与工程监理规划 | 情境1　工程监理组织 | ①监理的不同的组织形式；<br>②监理组织人员的配备 | 给出不同监理的公司，分析讲解其组织形式 | 2 |
| | 情境2　工程监理规划 | ①监理规划的基本概念；<br>②监理规划的内容 | 结合案例分析 | 2 |
| 项目3　施工阶段的监理 | 情境1　质量与安全控制 | ①施工过程中的质量控制；<br>②施工过程中的安全控制 | 经典案例分析 | 6 |
| | 情境2　资金控制 | 施工过程中的资金控制 | 经典案例分析 | 6 |
| | 情境3　进度控制 | 施工过程中的进度控制 | 经典案例分析 | 6 |
| 项目4　监理的组织协调与文件管理 | 情境1　组织协调 | ①与业主的协调；<br>②与施工单位的协调 | 经典案例分析 | 2 |
| | 情境2　文件信息管理 | ①存档文件；<br>②信息管理 | 介绍性讲解 | 2 |

**4. 实施建议**

4.1　教学条件

(1)软硬件条件

配备有电脑网络多媒体教学系统的教室。

(2)师资条件

组成一支职称结构、学历结构、年龄结构、专兼比例合理的课程教学“双师”结构师资队伍。主讲教师具有硕士以上学历和中级以上职称，能综合实施项目教学法、任务驱动法、引导文法等各种行动导向教学法，能较好掌握计算机技术、网络技术等新知识新技能，并具有相关职业资格技能证书，动手能力强；实验与实习带队教师应具有较强的职业技能，具有较丰富的企业一线工作经验，具有高级工以上职业资格证书。

4.2　教学方法

贯彻“以学生为中心”的教学理念，实施行动导向教学方法，学生以小组形式，在教师的引导下通过项目案例讨论的完成,达到专业知识学习和专业技能训练的目的。创造学习环境,创设有利于学生对知识意义构建的教学情境,在教学情境下使学生能够独立思考、共同探索、协作完成,使老师从知识传授者的角色转为学生学习过程的组织者、咨询者和指导者,使教学过程向学生自觉学习过程转化。每项工作任务完成后,各小组就提交一份成果报告。

针对不同的学习情境,选用不同特点的教学方法,建议采用教学方法如下。

| 项目名称 | 学习情境 | 建议的教学方法 |
|---|---|---|
| 项目1　工程监理的基本概念 | 情境1　监理的基本理论 | 项目教学法、引导文教学法 |
| | 情境2　监理工程师 | 项目教学法、引导文教学法 |
| | 情境3　监理的工作制度 | 项目教学法、引导文教学法 |
| 项目2　工程监理组织与工程监理规划 | 情境1　工程监理组织 | 项目教学法、问题导向教学法 |
| | 情境2　工程监理规划 | 项目教学法、案例教学法 |
| 项目3　施工阶段的监理 | 情境1　质量与安全控制 | 项目教学法、案例教学法 |
| | 情境2　资金控制 | 项目教学法、案例教学法 |
| | 情境3　进度控制 | 项目教学法、案例教学法 |
| 项目4　监理的组织协调与文件管理 | 情境1　组织协调 | 项目教学法、引导文教学法 |
| | 情境2　文件信息管理 | 引导文教学法 |

4.3　教学评价

由注重知识考核,变革为注重能力考核,采用形成性考核评价方法。

(1)期末考查占40%,四大项目共占60%。

(2)项目评价采用教师评价和学生自评相结合的形式,即“组长系数制”。每项项目完成后,由各小组提交一份成果报告,内容越丰富越有内涵,全组加分越高;适当时候进行小组答辩,对项目实施能提出新的观点及一些好的建议或相关案例的,适当加分。这样教师先给出各小组得分;组长再根据组员在工作完成中所起的作用和表现状况,初定组员系数(0.8~1.1);再经教师和班干部、组长开“碰头会”,对系数进行调整确认;最后小组分乘系数,得各组员的得分。

**5. 参考资料**

(1)参考教材

《建设工程监理概论》,李仙兰主编,北京理工大学出版社,2008年

《工程建设监理概论》,王长永主编,科学出版社,2005年

《工程监理概论》,周国恩编,化学工业出版社,2010年

建议依据课程标准,以充分体现项目课程设计思想,编写符合基于工作过程、融入轨道交通工程及其他土木工程施工监理职业标准的工学结合教材。

(2)参考杂志

《建设监理》,上海市建筑科学研究院有限公司

《中国交通建设监理》,中国交通建设监理协会、中国公路杂志社

# 《选线与路基工程》课程标准

| 课程名称 | 选线与路基工程 | 英文名称 | Route Selection and Subgrade Construction |
|---|---|---|---|
| 参考学时 | 64 | 学分 | 3.5 |

## 1. 前言

### 1.1 课程性质

本课程是高职高专轨道交通工程技术专业的专业主干课程,其目标在于培养学生在轨道交通基础工程施工岗位上,从事相关铁路,城市轨道交通线路工程专项职业能力,达到本专业学生掌握线路工程施工的基本要求,同时培养学生的精益求精、吃苦耐劳、团结协作的"铺路石"品格的职业素质以及日后从事轨道工程工作所需的方法能力和社会能力。

本课程以《高等(应用)数学》、《计算机应用基础》等课程为基础,也是进一步学习《轨道工程》、《桥梁工程施工》、《地下铁道施工技术》等后续专业课程的基础。

### 1.2 设计思路

本课程的总体设计思路是:紧扣城市轨道交通工程技术专业的人才培养方案,以"基于工作过程"为指导,校企合作,共同进行课程建设和课程教学。打破以知识传授为主要特征的传统学科课程模式,转变为以工程项目、工作任务为中心组织课程内容,并将职业素质培养、职业资格考证标准融入课程,实施教学做一体化法和过程性评价方法,以此发展学生的职业能力和职业素养。

在课程内容设计上,邀请行业企业专家对城市轨道交通工程技术专业的专业背景、专业所涵盖的岗位群进行工作任务和职业能力分析,以及支撑专业核心能力的课程分析,并以此为依据确定本课程的工程项目、工作任务和课程内容。根据轨道交通基础工程所涉及的选线及线路工程施工相关知识和技能要求,设计若干个项目,再将每个项目具体细化,划分为若干个学习情境。项目编排的思路是由简单到复杂,而每个项目学习情境的编排,则是按照实际工作过程进行编排。

在课程教学方法和教学手段设计上,以项目组织教学,并让学生在完成具体项目的过程中学会完成相应工作任务,根据高职学生的认知规律和知识基础,实施情境化教学,理实一体化教学,使学生做到"学中做,做中学"并以此锻炼学生自主探索、合作学习的能力。

在教学效果考核上,采取过程评价与结果评价相结合的方式,重点考核学生的职业能力。

## 2. 课程目标

### 2.1 专业能力

要求学生能掌握线路工程施工,选线设计、勘察等相关知识,进行轨道交通工程的施工、监理、监测。

(1)通过路基工程施工的学习,学生能掌握路基工程施工的基本技能。

(2)通过铁路设计的学习,学生能掌握铁路能力及主要技术标准。

### 2.2 学习能力

学生能根据线路工程要求,会学习使用线路选线,线路工程施工的专业技能,进行线路工程施工、质量管理等能力。

2.3　社会能力

通过项目训练，提高学生团结协作、吃苦耐劳、实事求是、诚信为本的能力；培养学生与人沟通、协调工作的能力；增强学生事故保护、安全防范意识。

**3. 课程内容和要求**

根据专业课程目标和涵盖的工作任务要求，确定课程内容和要求，说明学生应获得的知识、技能与态度。

根据以上设计思路和课程目标，本课程教学设计的项目、学习情境以及对应的学时数如下。

| 项目名称 | 学 习 情 境 | 知识、技能内容与要求 | 教学活动设计 | 参考学时 |
|---|---|---|---|---|
| 项目1　选线设计 | 情境1　线路平面和纵断面设计 | ①线路平面设计；<br>②线路纵断面设计 | 利用既定的地形图，假定一条线路的起点及终点，根据地形及地貌，选出一条合理的推荐线路及比较线路；<br>根据地形图及选定的线路，绘制线路的纵断面，设计出合理的纵断面图 | 14 |
| | 情境2　线路平面图和纵断面图 | ①线路平面图；<br>②线路纵断面图 | 根据项目走向的推荐方案，绘制出项目的线路平面图，设计线路各段的曲线要素，同时根据线路结构物的布置，设计出各段纵断面的坡度要素 | 12 |
| 项目2　路基工程 | 情境1　路基设计 | ①路基构造；<br>②路基基床；<br>③路基稳定性检算 | 给定一段路基的调查资料，根据地形、地质及水文等资料对路基基床及其构造进行设计，并实施路基稳定性的验算 | 10 |
| | 情境2　路基施工 | ①路基土石方数量计算；<br>②路基土石方调配；<br>③路基放样；<br>④路堤填筑；<br>⑤土方机械施工；<br>⑥土石方爆破；<br>⑦冬雨季施工 | 给定某一项目的路基标段，根据设计资料编制路基施工技术方案、质量保证措施。能实施路基施工放样，编制土石方调配及现场指导性作业的指导书，提供路基施工的冬雨季措施等技术资料 | 16 |
| | 情境3　路基排水及防护加固 | ①路基排水；<br>②防治及加固 | 对路基排水进行设计，并提出防治、加固措施 | 12 |

**4. 实施建议**

4.1　教学条件

(1)软硬件条件

采用多媒体网络教学，授课及视频教学相结合。

(2)师资条件

组成一支职称结构、学历结构、年龄结构、专兼比例合理的课程教学“双师”结构师资队伍。主讲教师具有硕士以上学历和中级以上职称，能综合实施项目教学法、任务驱动法、引导文法等各种行动导向教学法，能较好掌握计算机技术、网络技术等新知识新技能，并具有相关职业资格技能证书，动手能力强；辅助教师应具有较强的职业技能，具有较丰富的企业一线工作经验，具有高级工以上职业资格证书。

4.2　教学方法

贯彻“以学生为中心”的教学理念，实施行动导向教学方法，学生以小组形式，在教师的引导下通过项目的完成，达到专业知识学习和专业技能训练的目的。创造学习环境，创设有利于学生对知识意义构建的教学情境，在教学情境下使学生能够独立思考、共同探索、协作完成，使老师从知识传授者的角色转为学生学习过程的组织者、咨询者和指导者，使教学过程向学生自觉学习过程转化。每项工作任务完成后，各小组就提交一份成果报告。

针对不同的学习情境，选用不同特点的教学方法，建议采用教学方法如下。

| 项目名称 | 学习情境 | 建议的教学方法 |
|---|---|---|
| 项目1　选线设计 | 情境1　线路平面和纵断面设计 | 项目教学法、四阶段教学法 |
| | 情境2　线路平面图和纵断面图 | 范例教学法 |
| 项目2　路基工程 | 情境1　路基设计 | 范例教学法 |
| | 情境2　路基施工 | 项目教学法、范例教学法 |
| | 情境3　路基排水及防护加固 | 问题导向教学法、项目教学法 |

4.3　教学评价

由注重知识考核，变革为注重能力考核，采用形成性考核评价方法。

(1)期末考试占50%，两大项目共占50%。

(2)项目评价采用教师评价和学生自评相结合的形式，即“组长系数制”。每项项目完成后，由各小组提交一份成果报告，内容越丰富越有内涵，全组加分越高；适当时候进行小组答辩，对项目实施能提出新的观点及一些好的建议或相关案例的，适当加分。这样教师先给出各小组得分；组长再根据组员在工作完成中所起的作用和表现状况，初定组员系数(0.8~1.1)；再经教师和班干部、组长开“碰头会”，对系数进行调整确认；最后小组分乘系数，得各组员的得分。

**5.参考资料**

(1)参考教材

《铁路线路施工技术》，方筠主编，人民交通出版社，2009年

《线路工程》，张雯主编，西南交通大学出版社，2005年

《铁道线路工程施工》，韩峰主编，中国铁道出版社，2007年

建议依据课程标准，以充分体现项目课程设计思想，编写符合基于工作过程、融入轨道交通线路工程职业标准的工学结合教材。

(2)参考杂志

《中国铁道科学》，中国铁道科学研究院，中文核心期刊

《铁道勘察》，中铁工程设计咨询集团有限公司

《城市轨道交通研究》，同济大学，中文核心期刊

《现代城市轨道交通》，铁道部科学技术信息所

# 《轨道工程》课程标准

| 课程名称 | 轨道工程 | 英文名称 | Track and Roadbed Engineering |
|---|---|---|---|
| 参考学时 | 64 | 学分 | 3.5 |

## 1. 前言

### 1.1 课程性质

本课程是高职高专轨道交通工程技术专业的专业核心课程。其目标在于培养学生在轨道交通轨道工程施工等专项职业能力，从事相关轨道工程施工等工作，达到本专业学生掌握城轨工程轨道的施工等基本技能要求，同时培养学生的精益求精、吃苦耐劳、团结协作的“铺路石”品格的职业素质以及日后从事轨道工程工作所需的方法能力和社会能力。

本课程以《土木工程材料》、《建筑力学》、《土力学与地基基础》、《工程地质》、《城市轨道交通概论》等课程为基础，它是进一步学习《轨道养护与维修》、《高速铁路技术》等后续专业课程的基础。

### 1.2 设计思路

本课程的总体设计思路是：紧扣城市轨道交通工程技术专业的人才培养方案，围绕“四个合作”，“以市场需求为导向，以职业能力为核心”，校企共同进行课程建设和课程教学。打破以知识传授为主要特征的传统学科课程模式，转变为以工程项目、工作任务为中心组织课程内容，并将职业素质培养、职业资格考证融入课程，实施教学做一体化法和过程性评价方法，以此发展学生的职业能力和职业素养。

在课程内容设计上，邀请行业企业专家对城市轨道交通工程技术专业的专业背景、专业所涵盖的岗位群进行工作任务和职业能力分析，以及支撑专业核心能力的课程分析，并以此为依据确定本课程的工程项目、工作任务和课程内容。根据轨道交通工程所涉及的轨道施工及养护等相关知识和技能要求，设计若干个项目，再将每个项目具体细化，划分为若干个学习情境。

在课程教学方法和教学手段设计上，以项目组织教学，并让学生在完成具体项目的过程中学会完成相应工作任务，根据高职学生的认知规律和知识基础，实施情境化和理实一体化教学，利用“轨道检测实验室”、“校内室外轨道综合实训场”、校外现场实习基地，并以此锻炼学生实际解决问题的能力。

在教学效果考核上，采取过程评价与结果评价相结合的方式，重点考核学生的职业能力。

## 2. 课程目标

### 2.1 专业能力

要求学生能熟练掌握轨道构造、施工及简单轨道力学计算，能够进轨道工程行施工工作。主要掌握以下内容：

(1)轨道构造，包括有砟轨道和无砟轨道。

(2)轨道几何形位。

(3)道岔的构造及几何形位。

(4)轨道结构计算模型的提炼及简单轨道力学计算。

(5)轨道的施工与安全管理。

2.2　学习能力

通过本课程的学习，特别是轨道结构计算模型的提炼，培养学生是抽象思维能力，并且发散学生思维，培养学生的自主学习的能力以及动手能力。

2.3　社会能力

通过实习，提高学生团结协作、吃苦耐劳、实事求是、诚信为本的能力；培养学生与人沟通、协调工作的能力；增强学生事故保护、安全防范意识。

**3. 课程内容和要求**

根据专业课程目标和涵盖的工作任务要求，确定课程内容和要求，说明学生应获得的知识、技能与态度。

根据以上设计思路和课程目标，本课程教学设计的项目、学习情境以及对应的学时数如下。

| 项目名称 | 学习情境 | 知识、技能内容与要求 | 教学活动设计 | 参考学时 |
|---|---|---|---|---|
| 项目1　轨道构造 | 情境1　有砟轨道的构造 | 有砟轨道的构造 | 给出一条实际轨道线，分析有砟轨道的构造 | 6 |
| | 情境2　无砟轨道的构造 | ①无砟轨道的类型；<br>②不同类型无砟轨道的构造 | 列出不同的实际工程中无砟轨道，分析它们的构造和不同 | 10 |
| | 情境3　无缝线路 | ①无缝线路的发展；<br>②无缝线路的构造 | 结合我国的无缝线路的实际情况进行讲解 | 6 |
| 项目2　道岔 | 情境1　道岔的类型 | 道岔的类型 | 给出实际道岔，然后讲解其不同类型 | 4 |
| | 情境2　道岔的构造 | ①不同道岔的构造；<br>②高速道岔 | 根据现实的道岔分别进行分析讲解 | 8 |
| 项目3　轨道线形 | 情境1　轨道的几何形位 | ①轨道几何形位要素；<br>②外轨超高 | 利用轨道模型和实际轨道讲解轨道的几何形位 | 4 |
| | 情境2　轨道的线形计算 | ①线形的要素；<br>②简单的线形计算 | 根据实际线路来分析线路要素，进行简单的线形计算 | 4 |
| 项目4　轨道结构力学计算 | 情境1　轨道结构力学计算模型 | ①有砟轨道计算；<br>②无砟轨道计算 | 从模型参数逐渐讲解轨道结构的力学计算 | 10 |
| 项目5　轨道施工与安全管理 | 情境1　施工处理 | ①轨道的施工方法；<br>②轨道的施工要领 | 举一个实际轨道施工工程示例，讲解轨道的施工方法及施工要领 | 10 |
| | 情境2　施工安全管理 | ①施工安全制度；<br>②施工安全措施 | 举一个实际轨道施工工程示例进行讲解 | 2 |

**4. 实施建议**

4.1　教学条件

(1)软硬件条件

应配备有：电脑网络多媒体教学系统的教室；轨道工程精调与检测试验室；校内室外轨道综合实训场。

(2)师资条件

组成一支职称结构、学历结构、年龄结构、专兼比例合理的课程教学"双师"结构师资队伍。主讲教师具有硕士以上学历和中级以上职称，能综合实施项目教学法、任务驱动法、引导文法等各种行动导向教学法，能较好掌握计算机技术、网络技术等新知识新技能，并具有相关职业资格技能证书，动手能力强；实训实习带队教师应具有较强的职业技能，具有较丰富的企业一线工作经验，具有高级工以上职业资格证书。

### 4.2 教学方法

贯彻"以学生为中心"的教学理念，实施行动导向教学方法，学生以小组形式，在教师的引导下通过项目的完成，达到专业知识学习和专业技能训练的目的。创造学习环境，创设有利于学生对知识意义构建的教学情境，在教学情境下使学生能够独立思考、共同探索、协作完成，使老师从知识传授者的角色转为学生学习过程的组织者、咨询者和指导者，使教学过程向学生自觉学习过程转化。每项工作任务完成后，各小组就提交一份成果报告。

针对不同的学习情境，选用不同特点的教学方法，建议采用教学方法如下。

| 项 目 名 称 | 学 习 情 境 | 建议的教学方法 |
|---|---|---|
| 项目1　轨道构造 | 情境1　有砟轨道的构造 | 项目教学法、引导文教学法 |
| | 情境2　无砟轨道的构造 | 项目教学法、四阶段教学法 |
| | 情境3　无缝线路 | 项目教学法 |
| 项目2　道岔 | 情境1　道岔的类型 | 项目教学法、问题导向教学法 |
| | 情境2　道岔的构造 | 项目教学法、问题导向教学法 |
| 项目3　轨道线形 | 情境1　轨道的几何形位 | 引导文教学法、问题导向教学法 |
| | 情境2　轨道的线形计算 | 项目教学法、范例教学法 |
| 项目4　轨道结构力学计算 | 情境1　轨道结构力学计算模型 | 项目教学法、引导文教学法 |
| 项目5　轨道施工与安全管理 | 情境1　施工处理 | 项目教学法、问题导向教学法 |
| | 情境2　施工安全管理 | 项目教学法、范例教学法 |

### 4.3 教学评价

由注重知识考核，变革为注重能力考核，采用形成性考核评价方法。

(1)期末考查占50%，五大项目共占50%。

(2)项目评价采用教师评价和学生自评相结合的形式，即"组长系数制"。每项项目完成后，由各小组提交一份成果报告，内容越丰富越有内涵，全组加分越高；适当时候进行小组答辩，对项目实施能提出新的观点及一些好的建议或相关案例的，适当加分。这样教师先给出各小组得分；组长再根据组员在工作完成中所起的作用和表现状况，初定组员系数(0.8~1.1)；再经教师和班干部、组长开"碰头会"，对系数进行调整确认；最后小组分乘系数，得各组员的得分。

## 5. 参考资料

(1)参考教材

《轨道工程》，练松良主编，同济大学，2006年

《轨道工程》，陈秀方主编，中国建筑工业出版社，2005年

《铁道线路工程施工》，韩峰主编，中国铁道，2006年

《轨道工程实习指导书》，自编，2010年

建议依据课程标准，以充分体现项目课程设计思想，编写符合基于工作过程、融入轨道交通工程轨道工程与铁路路基工程职业标准的工学结合教材。

(2)参考杂志

《中国铁道科学》，中国铁道科学研究院，中文核心期刊，IE 检索

《城市轨道交通研究》，同济大学，中文核心期刊

《铁道勘察》，中铁工程设计咨询集团有限公司

《现代城市轨道交通》，铁道部科学技术信息所

# 《工程招投标与合同管理》课程标准

| 课程名称 | 工程招投标与合同管理 | 英文名称 | Project Bidding and Contract Management |
|---|---|---|---|
| 参考学时 | 48 | 学分 | 3.0 |

## 1. 前言

### 1.1 课程性质

本课程是高职高专轨道交通工程技术专业的专业主干课程，其目标在于培养学生在轨道交通工程方面的工程招投标与合同管理能力，为以后的城轨施工、管理等工作打下坚实基础。通过本课程的学习，学生应具备如下知识和技能：掌握城轨工程招投标的基本知识，招投标实施的基本程序、步骤及方法，招投标文件的编制方法，合同管理的内容及方法等。同时培养学生的精益求精、吃苦耐劳、团结协作的“铺路石”品格的职业素质和日后从事轨道工程工作所需的方法能力和社会能力。

本课程以《施工组织与概预算》、《轨道工程》、《桥梁工程施工》、《地下铁道施工技术》等课程学习为基础，是轨道交通工程技术主要专业课之一。

### 1.2 设计思路

本课程的总体设计思路是：紧扣城市轨道交通工程技术专业的人才培养方案，以“四个合作”为指导，校企合作，共同进行课程建设和课程教学。打破以知识传授为主要特征的传统学科课程模式，转变为以工程项目、工作任务为中心组织课程内容，并将职业素质培养、专业素质融入课程，实施教学做一体化法和过程性评价方法，以此发展学生的职业能力和职业素养。

在课程内容设计上，邀请行业企业专家对城市轨道交通工程技术专业的专业背景、专业所涵盖的岗位群进行工作任务和职业能力分析，以及支撑专业核心能力的课程分析，并以此为依据确定本课程的工程项目、工作任务和课程内容。根据轨道交通基础工程所涉及的工程招投标及合同管理等方面的相关知识和技能要求，设计若干个环节，再将每个环节具体细化，划分为若干个工作任务。项目编排的思路是由简单到复杂，而每个环节的工作任务的编排，则是按照实际工作过程进行编排。

在课程教学方法和教学手段设计上，以项目组织教学，并让学生在完成具体项目的过程中学会完成相应工作任务，根据高职学生的认知规律和知识基础，实施情境化和理实一体化教学，使学生做到“学中做，做中学”并以此锻炼学生自主探索、合作学习的能力。

在教学效果考核上，采取过程评价与结果评价相结合的方式，重点考核学生的职业能力。

## 2. 课程目标

### 2.1 专业能力

要求学生能熟练工程招投标及合同管理的相关专业知识。

(1)能熟悉工程招投标的基本法律法规、实施程序及步骤。

(2)能熟练掌握工程招投标文件的编制内容及方法。

(3)能熟练掌握合同的编制方法。

(4)能熟悉合同变更、索赔、争议等方面的内容、程序及管理方法。

### 2.2 学习能力

通过本课程的学习，学生能根据轨道工程施工的不同特点，编制不同的技术方案及实施措施，同时结合工程概预算，进一步编制招投标文件，完全掌握招投标文件的编制工作；通过工程合同的应用实例，熟悉合同变更、索赔等方面的内容及实施方法，具备合同管理的能力。

2.3　社会能力

通过项目训练，提高学生团结协作、吃苦耐劳、实事求是、诚信为本的能力；培养学生与人沟通、协调工作的能力；增强学生事故保护、安全防范意识。

**3. 课程内容和要求**

根据专业课程目标和涵盖的工作任务要求，确定课程内容和要求，说明学生应获得的知识、技能与态度。

根据以上设计思路和课程目标，本课程教学设计的项目、工作任务以及对应的学时数如下。

| 项目名称 | 学 习 情 境 | 知识、技能内容与要求 | 教学活动设计 | 参考学时 |
|---|---|---|---|---|
| 项目1　工程招投标 | 情境1　工程招投标的基本理论 | ①概念；<br>②招投标的法律法规；<br>③招投标的基本程序 | 根据一个实际工程项目讲解工程招投标的基本理论、法律法规及基本程序 | 2 |
| | 情境2　工程招标的实施 | ①招标的分类；<br>②招标文件的编制；<br>③招标工作的实施 | 根据设计单位的设计文件，详细讲解如何编制监理、咨询、物资采购、施工招标文件，如何进行招标信息的发布、招标答疑、现场踏勘、资格审查、开标、评标及定标等工作 | 10 |
| | 情境3　工程投标的实施 | ①投标组织与投标程序；<br>②技术标的编制；<br>③商务标的编制；<br>④投标的决策与技巧 | 通过具体案例，详细讲解投标文件的编制工作，诸如资质、业绩等资料的收集，投标组织的建立，施工组织、技术方案的编制，商务标的编制，以及投标文件的注意事项，技巧及决策等 | 14 |
| 项目2　合同管理 | 情境1　合同的概念 | ①合同法；<br>②合同的分类 | 列举实际例子进行分析讲解 | 2 |
| | 情境2　合同的订立 | ①工程合同的谈判与订立；<br>②工程合同的审查 | 结合一个建设项目，详细讲解各类合同的谈判与签订及审查方法 | 2 |
| | 情境3　合同的管理 | ①合同的履约管理；<br>②合同的风险管理；<br>③合同的信息化管理 | 结合工程实例，讲解如何进行合同款项的管理、合同履约管理、风险管理及印章管理、信息化管理等知识点 | 8 |
| | 情境4　合同的索赔与反索赔 | ①合同的变更；<br>②合同的索赔；<br>③合同的反索赔 | 通过工程案例，详细讲解合同实施过程中的变更、索赔、反索赔等影响经济的各个环节及处理措施 | 6 |
| | 情境5　合同争议的处理 | ①常见的合同争议方式；<br>②处理方式 | 通过工程案例，详细讲解合同实施过程中的争议的各种方式及其处理措施 | 4 |

**4. 实施建议**

4.1 教学条件

(1)软硬件条件

采用多媒体网络教学,授课及视频教学相结合。

(2)师资条件

组成一支职称结构、学历结构、年龄结构、专兼比例合理的课程教学"双师"结构师资队伍。主讲教师具有硕士以上学历和中级以上职称,能综合实施项目教学法、任务驱动法、引导文法等各种行动导向教学法,能较好掌握计算机技术、网络技术等新知识新技能,并具有相关职业资格技能证书,动手能力强;辅助教师应具有较强的职业技能,具有较丰富的企业一线工作经验,具有高级工以上职业资格证书。

4.2 教学方法

贯彻"以学生为中心"的教学理念,实施行动导向教学方法,学生以小组形式,在教师的引导下通过项目的完成,达到专业知识学习和专业技能训练的目的。创造学习环境,创设有利于学生对知识意义构建的教学情境,在教学情境下使学生能够独立思考、共同探索、协作完成,使老师从知识传授者的角色转为学生学习过程的组织者、咨询者和指导者,使教学过程向学生自觉学习过程转化。每项工作任务完成后,各小组就提交一份成果报告。

针对不同的学习情境,选用不同特点的教学方法,建议采用教学方法如下。

| 项 目 名 称 | 学 习 情 境 | 建议的教学方法 |
|---|---|---|
| 项目1 工程招投标 | 情境1 工程招投标的基本理论 | 引导文教学法 |
| | 情境2 工程招标的实施 | 案例教学法 |
| | 情境3 工程投标的实施 | 项目教学法、案例教学法 |
| 项目2 合同管理 | 情境1 合同的基本概念 | 引导文教学法 |
| | 情境2 合同的订立 | 案例教学法 |
| | 情境3 合同的管理 | 项目教学法、案例教学法 |
| | 情境4 合同的索赔与反索赔 | 问题导向教学法、案例教学法 |
| | 情境5 合同的争议 | 案例教学法 |

4.3 教学评价

由注重知识考核,变革为注重能力考核,采用形成性考核评价方法。

(1)期末考试占50%,四大项目共占50% 。

(2)项目评价采用教师评价和学生自评相结合的形式,即"组长系数制"。每项项目完成后,由各小组提交一份成果报告,内容越丰富越有内涵,全组加分越高;适当时候进行小组答辩,对项目实施能提出新的观点及一些好的建议或相关案例的,适当加分。这样教师先给出各小组得分;组长再根据组员在工作完成中所起的作用和表现状况,初定组员系数(0.8~1.1);再经教师和班干部、组长开"碰头会",对系数进行调整确认;最后小组分乘系数,得各组员的得分。

**5. 参考资料**

(1)参考教材

《工程招投标与合同管理》,陈正主编,东南大学出版社,2008 年

《工程招投标与合同管理》,刘黎红主编,机械工业出版社,2008 年

建议依据课程标准,以充分体现项目课程设计思想,编写符合基于工作过程、融入工程机械职业标准的工学结合教材。

(2)参考杂志

《中国科教创新导刊》,国家级期刊

《铁道科学学报》,中南大学,中文核心期刊

# 《地下铁道施工技术》课程标准

| 课程名称 | 地下铁道施工技术 | 英文名称 | Metro Engineering Construction |
|---|---|---|---|
| 参考学时 | 75 | 学分 | 4.0 |

## 1. 前言

### 1.1 课程性质

本课程是高职高专轨道交通工程技术专业的专业主干课程。其目标在于培养学生在轨道交通基础工程施工岗位上,从事相关地下工程,隧道工程施工的专项职业能力,达到本专业学生了解并掌握隧道工程及施工的专业基本要求,同时培养学生的精益求精、吃苦耐劳、团结协作的"铺路石"品格的职业素质以及日后从事轨道工程工作所需的方法能力和社会能力。

本课程以《高等(应用)数学》、《建筑力学》、《土力学与地基基础》、《工程地质》等课程学习为基础是轨道交通工程技术主要专业课之一。

### 1.2 设计思路

本课程的总体设计思路是:紧扣城市轨道交通工程技术专业的人才培养方案,以"基于工作过程"为指导,校企合作,共同进行课程建设和课程教学。打破以知识传授为主要特征的传统学科课程模式,转变为以工程项目、学习情境为中心组织课程内容,并将职业素质培养、专业素质融入课程,实施教学做一体化法和过程性评价方法,以此发展学生的职业能力和职业素养。

在课程内容设计上,邀请行业企业专家对城市轨道交通工程技术专业的专业背景、专业所涵盖的岗位群进行学习情境和职业能力分析,以及支撑专业核心能力的课程分析,并以此为依据确定本课程的工程项目、学习情境和课程内容。根据轨道交通工程所涉及的地下工程,隧道工程及施工相关知识和技能要求,设计若干个项目,再将每个项目具体细化,划分为若干个学习情境。项目编排的思路是由简单到复杂,而每个项目学习情境的编排,则是按照实际工作过程进行编排。

在课程教学方法和教学手段设计上,以项目组织教学,并让学生在完成具体项目的过程中学会完成相应学习情境,根据高职学生的认知规律和知识基础,实施情境化教学,理实一体化教学,利用课程教学及隧道工程实习相结合的方法,使学生做到"学中做,做中学",并以此锻炼学生自主探索、合作学习的能力。

在教学效果考核上,采取过程评价与结果评价相结合的方式,重点考核学生的职业能力。

## 2. 课程目标

### 2.1 专业能力

要求学生能熟练地下工程,隧道工程施工、监理、监测的相关专业知识。

(1)认识地下铁道建筑物的结构类型和基本构造。

(2)了解地下铁道施工技术工作的基本内容。

(3)掌握地铁车站施工的围护结构施工、深基坑支护与施工、车站主体结构施工、隧道施工方法、基本施工程序和基本技术要点。

(4)掌握地铁铺轨施工机械、钢轨、道床、轨枕和道岔基本知识,机械铺轨的施工工序,轨排组装,道床处理等专业知识。

2.2　学习能力

学生能根据轨道交通工程的施工规范、施工工艺要求，会学习使用施工规范，进行施工方案的设计及施工技术管理的能力；通过探索，掌握各种不同隧道施工方法的能力。

2.3　社会能力

通过项目训练，提高学生团结协作、吃苦耐劳、实事求是、诚信为本的能力；培养学生与人沟通、协调工作的能力；增强学生事故保护、安全防范意识。

**3. 课程内容和要求**

根据专业课程目标和涵盖的学习情境要求，确定课程内容和要求，说明学生应获得的知识、技能与态度。

根据以上设计思路和课程目标，本课程教学设计的项目、学习情境以及对应的学时数如下。

| 项目名称 | 学习情境 | 知识、技能内容与要求 | 教学活动设计 | 参考学时 |
|---|---|---|---|---|
| 项目1　明挖法施工 | 情境1　广州轨道交通六号线长湴站明挖法施工 | ①熟悉明挖法地铁车站建筑和结构构造；<br>②熟悉明挖法地铁车站施工程序；<br>③掌握明挖法围护结构施工技术要点、基坑开挖施工方法、主体结构施工技术 | 编写广州轨道交通六号线长湴站关键施工技术方案和相关图件 | 12 |
| | 情境2　广州地铁市二宫车站盖挖逆作法施工 | ①熟悉盖挖法地铁车站结构构造；<br>②熟悉盖挖法地铁车站施工程序；<br>③掌握盖挖法施工关键技术 | 编写广州地铁市二宫车站盖挖逆作法关键施工技术方案和相关图件 | 5 |
| | 情境3　京沪线南京长江水底隧道沉管法施工 | ①了解沉管隧道的特点、组成、施工工艺；<br>②熟悉沉管隧道的沉设方法；<br>③掌握沉管隧道关键工序及技术措施 | 编写南京长江水底隧道沉管法关键施工技术方案和相关图件 | 10 |
| 项目2　暗挖法施工 | 情境1　广州地铁一号线杨体区间新奥法施工 | ①了解隧道构造和围岩分类；<br>②熟悉新奥法施工的开挖方法；<br>③掌握新奥法施工原理的要点、内涵和施工程序；<br>④掌握新奥法施工关键技术 | 编写广州地铁一号线杨体区间新奥法关键施工技术方案和相关图件 | 16 |
| | 情境2　广州地铁三号线番禺广场站折返线浅埋暗挖法施工 | ①熟悉浅埋暗挖法施工程序；<br>②掌握浅埋暗挖法辅助施工方法、浅埋暗挖施工方法和监控量测方法、衬砌支护结构施工 | 编写广州地铁三号线番禺广场站折返线浅埋暗挖法关键施工技术方案和相关图件 | 10 |
| | 情境3　广佛线10标段龙溪至中央风井隧道盾构法施工 | ①了解掘进机、盾构机的分类、构造和组成；<br>②熟悉盾构掘进的注意事项和管理的主要内容；<br>③掌握盾构法施工引起地表沉降的原因和控制地表沉降的主要措施 | 编写广佛线10标段龙溪至中央风井隧道盾构法关键施工技术方案和相关图件 | 10 |

续上表

| 项目名称 | 学习情境 | 知识、技能内容与要求 | 教学活动设计 | 参考学时 |
| --- | --- | --- | --- | --- |
| 项目3 轨道施工与养护 | 情境1 广州地铁四号线轨道施工 | ①掌握无砟轨道的结构；<br>②熟悉无砟轨道道床的铺设过程；<br>③掌握整体道床道岔的施工工序及工艺要求 | 广州地铁四号线无砟轨道关键施工技术报告和相关图件 | 8 |
| | 情境2 轨道施工精调与养护 | ①了解地铁施工养护精调系统；<br>②掌握板式道床无砟轨道的结构及铺设过程；<br>③熟悉轨道养护作业；<br>④熟悉轨检车操作 | 用轨检车进行模拟轨道施工及养护作业综合实训 | 4 |

## 4. 实施建议

### 4.1 教学条件

(1)软硬件条件

采用多媒体网络教学，授课及视频教学相结合，以及教学与实习相结合。

(2)师资条件

组成一支职称结构、学历结构、年龄结构、专兼比例合理的课程教学“双师”结构师资队伍。主讲教师具有硕士以上学历和中级以上职称，能综合实施项目教学法、任务驱动法、引导文法等各种行动导向教学法，能较好掌握计算机技术、网络技术等新知识新技能，并具有相关职业资格技能证书，动手能力强；辅助教师应具有较强的职业技能，具有较丰富的企业一线工作经验，具有高级工以上职业资格证书。

### 4.2 教学方法

贯彻“以学生为中心”的教学理念，实施行动导向教学方法，学生以小组形式，在教师的引导下通过项目的完成，达到专业知识学习和专业技能训练的目的。创造学习环境，创设有利于学生对知识意义构建的教学情境，在教学情境下使学生能够独立思考、共同探索、协作完成，使老师从知识传授者的角色转为学生学习过程的组织者、咨询者和指导者，使教学过程向学生自觉学习过程转化。每项学习情境完成后，各小组就提交一份成果报告。

针对不同的学习情境，选用不同特点的教学方法，建议采用教学方法如下。

| 项目名称 | 学习情境 | 建议的教学方法 |
| --- | --- | --- |
| 项目1 明挖法施工 | 情境1 广州轨道交通六号线长湴站明挖法施工 | 项目教学法、引导文教学法 |
| | 情境2 广州地铁市二宫车站盖挖逆作法施工 | 项目教学法、四阶段教学法 |
| | 情境3 京沪线南京长江水底隧道沉管法施工 | 项目教学法 |
| 项目2 暗挖法施工 | 情境1 广州地铁一号线杨体区间新奥法施工 | 项目教学法、问题导向教学法 |
| | 情境2 广州地铁三号线番禺广场站折返线浅埋暗挖法施工 | 项目教学法、问题导向教学法 |
| | 情境3 广佛线10标段龙溪至中央风井隧道盾构法施工 | 引导文教学法、问题导向教学法 |

续上表

| 项 目 名 称 | 学 习 情 境 | 建议的教学方法 |
| --- | --- | --- |
| 项目3　轨道施工与养护 | 情境1　广州地铁四号线轨道施工 | 项目教学法、范例教学法 |
| | 情境2　轨道施工精调与养护 | 项目教学法、引导文教学法 |

4.3　教学评价

由注重知识考核,变革为注重能力考核,采用形成性考核评价方法。

(1)期末考试占60%,3大项目共占40%。

(2)项目评价采用教师评价和学生自评相结合的形式,即"组长系数制"。每项项目完成后,由各小组提交一份成果报告,内容越丰富越有内涵,全组加分越高;适当时候进行小组答辩,对项目实施能提出新的观点及一些好的建议或相关案例的,适当加分。这样教师先给出各小组得分;组长再根据组员在工作完成中所起的作用和表现状况,初定组员系数(0.8~1.1);再经教师和班干部、组长开"碰头会",对系数进行调整确认;最后小组分乘系数,得各组员的得分。

**5.参考资料**

(1)参考教材

《地下工程施工与管理》(第二版),杨其新主编,西南交通大学出版社,2009年

《隧道工程》,陈秋南主编,机械工业出版社,2007年

《隧道工程》,孙立功主编,西南交通大学出版社,2006年

建议依据课程标准,以充分体现项目课程设计思想,编写符合基于工作过程、融入隧道工程及施工职业标准的工学结合教材。

(2)参考杂志

《地下工程与隧道》,上海市隧道工程轨道交通设计研究院,中文核心期刊

《现代隧道技术》,中铁西南科学研究院,中文核心期刊

《隧道建设》,中铁隧道集团洛阳科学技术研究所

《地下空间与工程学报》,重庆大学,中文核心期刊

# 《桥梁工程施工》课程标准

| 课程名称 | 桥梁工程施工 | 英文名称 | Bridge Construction |
| --- | --- | --- | --- |
| 参考学时 | 75 | 学分 | 4.0 |

## 1. 前言

### 1.1 课程性质

本课程是高职高专轨道交通工程技术专业的专业核心课程，其目标在于培养学生在以后工程建设中，从事相关桥梁勘察、施工等专项职业能力，达到本专业学生具备桥梁工程施工、检测加固处理等基本技能要求，同时培养学生的精益求精、吃苦耐劳、团结协作的"铺路石"品格的职业素质和日后从事轨道工程工作所需的方法能力和社会能力。

本课程以《工程制图与CAD》、《轨道交通工程测量》、《建筑力学》、《土力学与地基基础》、《钢筋混凝土结构》等专业基础课为基础。

### 1.2 设计思路

本课程的总体设计思路是：紧扣城市轨道交通工程技术专业的人才培养方案，围绕"四个合作"，"以市场需求为导向，以职业能力为核心"，校企共同进行课程建设和课程教学。打破以零散知识传授为主要特征的传统学科课程模式，转变为以工程项目、工作任务为中心组织课程内容，并将职业素质培养、职业资格考证融入课程，实施教学做一体化法和过程性评价方法，以此发展学生的职业能力和职业素养。

在课程内容设计上，邀请行业企业专家对城市轨道交通工程技术专业的专业背景、专业所涵盖的岗位群进行工作任务和职业能力分析，以及支撑专业核心能力的课程分析，并以此为依据确定本课程的工程项目、工作任务和课程内容。根据工程建设中所涉及的桥梁工程施工及检测加固等的相关知识和技能要求，设计若干个项目，再将每个项目具体细化，划分为若干个学习情境。

在课程教学方法和教学手段设计上，以项目组织教学，并让学生在完成具体项目的过程中学会完成相应工作任务，根据高职学生的认知规律和知识基础，实施情境化和理实一体化教学，利用"桥梁模型制作室"、"桥梁检测室"以及校外桥梁实习基地，使学生做到"学与实践相结合"，并以此锻炼学生实际解决问题的能力。

在教学效果考核上，采取过程评价与结果评价相结合的方式，重点考核学生的综合职业能力。

## 2. 课程目标

### 2.1 专业能力

要求学生能熟练掌握轨道线路上桥梁工程施工的要领，具备桥梁施工的能力以及发展的能力。

(1)熟悉与桥梁工程有关的基本概念，掌握不同类型桥梁的构造以及简支梁桥、拱桥的设计与计算。

(2)熟悉桥涵的施工准备工作内容，施工设备，桥梁常用测量放样方法。

(3)掌握桥梁扩大基础、桩基础施工、沉井基础方法；熟悉桥梁砌体工程的施工方法；了解其他类型基础施工要点。

(4)掌握梁式桥的施工方法和拱桥施工工艺于方法，了解其他类型桥梁的施工要点。

(5)了解桥梁检测与加固维修的基本知识。

(6)了解桥梁工程中的新结构、新方法、新工艺。

(7) 掌握桥梁施工事故保护与安全防范措施。

### 2.2 学习能力

学生能根据工程中的桥梁工程施工要求,能够把桥梁工程施工与其他工程施工相互融合,能够举一反三,具备探索自主学习的能力。

### 2.3 社会能力

通过桥梁工程施工实习,提高学生团结协作、吃苦耐劳、实事求是、诚信为本的能力;培养学生与人沟通、协调工作的能力;增强学生事故保护、安全防范意识。

## 3. 课程内容和要求

根据专业课程目标和涵盖的要求,确定课程内容和要求,说明学生应获得的知识、技能与态度。

根据以上设计思路和课程目标,现将课程教学设计的子系统、学习元素以及对应的学时数如下。

| 项目名称 | 学习情境 | 知识、技能内容与要求 | 教学活动设计 | 参考学时 |
|---|---|---|---|---|
| 项目1 概述 | 情境1 桥梁的发展概况 | ①古代桥梁的发展;<br>②近现代桥梁的发展 | 选用有代表性的古代与近现代的桥梁照片,介绍桥梁的发展史 | 2 |
| | 情境2 桥梁的分类与结构组成 | ①桥梁的分类;<br>②桥梁的结构组成 | 给出多个具体不同的桥梁,来分析桥梁的类型,并分析其结构组成 | 2 |
| 项目2 桥梁建设总体设计 | 情境1 桥梁建设一般流程与原则 | ①桥梁建设一般流程;<br>②桥梁建设的原则 | 结合一个实际桥梁建设的工程例子,来分析讲解桥梁建设的一般流程与原则 | 2 |
| | 情境2 桥梁纵横断面设计和平面布置 | ①桥梁纵断面设计;<br>②桥梁的平面布置 | 结合一座桥梁设计的例子,讲解桥梁纵断面设计与平面布置 | 2 |
| | 情境3 桥梁的设计作用 | ①铁路桥梁的设计作用;<br>②公路桥梁的设计作用 | 分别结合铁路、公路桥梁设计的例子,来讲解桥梁上的设计作用,然后让学生分析它们不同之处 | 2 |
| 项目3 桥梁的施工设备 | 情境1 桥梁施工常备式结构 | ①贝雷梁;<br>②万能杆件;<br>③钢管脚手架 | 结合实际工程,分别分析其采用的贝雷梁、万能杆件、钢管脚手架构造及特点 | 2 |
| | 情境2 混凝土施工设备 | ①混凝土搅拌设备;<br>②混凝土运输设备;<br>③混凝土泵送设备 | 通过桥梁混凝土施工的图片、视频讲解混凝土设备的特点 | 1 |
| | 情境3 预应力设备 | ①预应力锚固体系;<br>②预应力千斤顶 | 结合混凝土设计原理以及实际工程讲解预应力锚固体系的特点,施工要点及注意事项 | 1 |
| | 情境4 起重机具设备 | ①卷扬机;<br>②龙门架;<br>③架桥机与造桥机 | 通过桥梁施工的施工的照片、视频等,介绍起重设备的特点及使用方法要点 | 1 |

续上表

| 项目名称 | 学习情境 | 知识、技能内容与要求 | 教学活动设计 | 参考学时 |
|---|---|---|---|---|
| 项目4　桥梁基础施工 | 情境1　扩大基础 | ①明挖扩大基础构造特点；<br>②明挖扩大基础施工工艺与施工要点 | 结合实际扩大基础实际工程例子，讲解扩大基础的构造特点以及施工工艺与施工要点 | 2 |
| | 情境2　沉井基础 | ①沉井基础构造特点；<br>②沉井基础的施工工艺与施工要点 | 具体分析实际的桥梁沉井基础施工项目，讲解沉井基础的构造特点、施工要点及使用范围 | 2 |
| | 情境3　桩基础 | ①桩基础的类型与构造特点；<br>②桩基础施工工艺与施工要点 | 结合实际的桥梁桩基础工程，分析桩基的类型与构造础，并分析其施工工艺与要点 | 4 |
| 项目5　梁式桥施工 | 情境1　梁式桥的分类与构造特点 | ①梁式桥的不同分类方法；<br>②梁式桥不同的构造特点 | 结合实际的桥梁，来讲解梁式桥的分类及不同的构造特点 | 4 |
| | 情境2　简支梁的设计与计算 | ①简支梁的设计；<br>②简支梁的计算 | 结合学生所学的建筑力学及混凝土设计原理，来讲解简支梁的设计与计算 | 4 |
| | 情境3　梁式桥的支座 | ①支座的作用与要求；<br>②支座的分类与构造；<br>③支座的计算 | 结合实际工程例子，分析讲解支座的类型构造特点以及介绍支座的简单计算 | 2 |
| | 情境4　梁式桥的墩台 | ①梁式桥的墩台的类型与构造；<br>②梁式桥的墩台的结构计算 | 结合实际不同梁式桥墩台的例子，来梁式桥的墩台构造特点，并简单其结构计算 | 2 |
| | 情境5　桥面布置与构造 | ①桥面系构造特点；<br>②桥面排水 | 结合一些桥面铺装的例子，来分析桥面系的特点及功能 | 2 |
| | 情境6　梁式桥施工 | ①上部结构施工；<br>②梁式桥的墩台施工 | 结合施工图片和施工录像，来讲解不同的施工方法，施工工艺及施工要点 | 6 |
| 项目6　拱桥施工 | 情境1　拱桥的组成与构造 | ①拱桥的组成要素；<br>②拱桥的构造特点 | 结合实际的桥梁，来讲解拱桥桥的组成要素以及其构造特点 | 4 |
| | 情境2　拱桥的设计 | 拱桥构造设计 | 结合实际例子讲解拱桥的设计 | 4 |
| | 情境3　拱桥的墩台 | ①拱桥墩台的类型与构造；<br>②拱桥墩台的结构计算 | 借助梁式桥讲过的墩台，让学生自己分析总结拱桥的构造及简单介绍其结构计算 | 2 |
| | 情境4　拱桥的施工 | ①与梁式桥类似的施工方法；<br>②转体施工 | 与梁式桥的施工进行比较，重点介绍转体施工 | 6 |

续上表

| 项目名称 | 学习情境 | 知识、技能内容与要求 | 教学活动设计 | 参考学时 |
|---|---|---|---|---|
| 项目7　组合体系桥与涵洞施工 | 情境1　斜拉桥 | ①斜拉桥的构造与受力特点；<br>②斜拉桥的施工 | 通过照片和录像，简单介绍斜拉桥的构造、受力特点以及施工 | 1 |
| | 情境2　悬索桥 | ①悬索桥的构造与受力特点；<br>②悬索桥的施工 | 通过照片和录像，简单介绍斜拉桥的构造、受力特点以及施工 | 1 |
| | 情境3　其他组合体系桥 | ①其他组合体系桥的构造与受力特点；<br>②其他组合体系桥斜拉桥的施工 | 课前为学生布置任务，要学生去收集资料，来简单介绍其他组合的构造、受力特点以及施工 | 2 |
| | 情境4　涵洞 | ①涵洞的构造与设计；<br>②涵洞的施工 | 结合实际分析涵洞的类型、构造及设计计算，介绍涵洞的施工 | 2 |
| 项目8　桥梁检测与加固处理 | 情境1　桥梁检测设备 | ①桥梁动静态检测仪；<br>②混凝土超声波仪 | 利用试验室的桥梁动静态检测仪、混凝土超声波仪现场讲解设备的操作 | 2 |
| | 情境2　桥梁变形检测 | ①挠度检测；<br>②裂缝检测；<br>③沉降检测 | 利用试验室的桥梁观测系统，来现场讲解桥梁的变形检测 | 4 |
| | 情境3　桥梁检测报告的编写及加固处理 | ①报告编写；<br>②桥梁加固处理 | 给出一个实际工程例子进行讲解 | 4 |

## 4.实施建议

### 4.1　教学条件

(1)软硬件条件

应配备有电脑网络多媒体教学系统的教室和桥梁的现场实习基地。学生能够学与实践相结合。

(2)师资条件

组成一支职称结构、学历结构、年龄结构、专兼比例合理的课程教学“双师”结构师资队伍。主讲教师具有硕士以上学历和中级以上职称，能综合实施项目教学法、任务驱动法、引导文法等各种行动导向教学法，能较好掌握计算机技术、网络技术等新知识新技能，并具有相关职业资格技能证书，动手能力强；带领实习的辅助教师应具有较强的职业技能，具有较丰富的企业一线工作经验，具有高级工以上职业资格证书。

### 4.2　教学方法

贯彻“以学生为中心”的教学理念，实施行动导向教学方法，学生以小组形式，在教师的引导下通过项目的完成，达到专业知识学习和专业技能训练的目的。创造学习环境，创设有利于学生对知识意义构建的教学情境，在教学情境下使学生能够独立思考、共同探索、协作完成，使老师从知识传授者的角色转为学生学习过程的组织者、咨询者和指导者，使教学过程向学生自觉学习过程转化。每项工作任务完成后，各小组就提交一份成果报告。

针对不同的学习情境，选用不同特点的教学方法，建议采用教学方法如下。

| 项 目 名 称 | 学 习 情 境 | 建议的教学方法 |
| --- | --- | --- |
| 项目1 概述 | 情境1 桥梁的发展概况 | 引导文教学法 |
| | 情境2 桥梁的分类与结构组成 | 项目教学法、范例教学法 |
| 项目2 桥梁建设总体设计 | 情境1 桥梁建设一般流程与原则 | 项目教学法、范例教学法 |
| | 情境2 桥梁纵横断面设计和平面布置 | 问题导向教学法、范例教学法 |
| | 情境3 桥梁的设计作用 | 引导文教学法 |
| 项目3 桥梁的施工设备 | 情境1 桥梁施工常备式结构 | 项目教学法、范例教学法 |
| | 情境2 混凝土施工设备 | 项目教学法、范例教学法 |
| | 情境3 预应力设备 | 项目教学法、范例教学法 |
| | 情境4 起重机具设备 | 项目教学法、范例教学法 |
| 项目4 桥梁基础施工 | 情境1 扩大基础 | 项目教学法、范例教学法 |
| | 情境2 沉井基础 | 项目教学法、范例教学法 |
| | 情境3 桩基础 | 项目教学法、范例教学法 |
| 项目5 梁式桥施工 | 情境1 梁式桥的分类与构造特点 | 问题导向教学法、范例教学法 |
| | 情境2 简支梁的设计与计算 | 问题导向教学法、范例教学法 |
| | 情境3 梁式桥的支座 | 项目教学法、范例教学法 |
| | 情境4 梁式桥的墩台 | 项目教学法、范例教学法 |
| | 情境5 桥面布置与构造 | 问题导向教学法、范例教学法 |
| | 情境6 梁式桥施工 | 项目教学法、范例教学法 |
| 项目6 拱桥施工 | 情境1 拱桥的组成与构造拱 | 问题导向教学法、范例教学法 |
| | 情境2 拱桥的设计 | 问题导向教学法、范例教学法 |
| | 情境3 拱桥的墩台 | 引导文教学法 |
| | 情境4 拱桥的施工 | 项目教学法、范例教学法 |
| 项目7 组合体系桥与涵洞施工 | 情境1 斜拉桥 | 项目教学法、范例教学法 |
| | 情境2 悬索桥 | 项目教学法、范例教学法 |
| | 情境3 其他组合体系桥 | 引导文教学法 |
| | 情境4 涵洞 | 项目教学法、范例教学法 |
| 项目8 桥梁检测与加固处理 | 情境1 桥梁检测设备 | 项目教学法、演示教学法 |
| | 情境2 桥梁变形检测 | 项目教学法、演示教学法 |
| | 情境3 桥梁检测报告的编写及加固处理 | 范例教学法 |

### 4.3 教学评价

由注重知识考核,变革为注重能力考核,采用形成性考核评价方法。

(1)期末考查占50%,八大项目共占50%。

(2)项目评价采用教师评价和学生自评相结合的形式,即“组长系数制”。每项项目完成后,由各小组提交一份成果报告,内容越丰富越有内涵,全组加分越高;适当时候进行小组答辩,对项目实施能提出新的观点及一些好的建议或相关案例的,适当加分。这样教师先给出各小组得分;组长再根据组员在工作完成中所起的作用和表现状况,初定组员系数(0.8~1.1);再经教师和班干部、组长开“碰头会”,对系数进行调整确认;最后小组分乘系数,得各组员的得分。

**5. 参考资料**

(1)参考教材

《桥梁工程》,盛兴旺等主编,中国铁道出版社,2002 年

《桥梁工程》,范立础主编,人民教育出版社,2001 年

《桥梁工程施工》,肖建平主编,机械工业出版社,2007 年

《桥梁施工及组织管理》(上册),黄绳武主编,人民交通出版社,2005 年

《桥梁工程施工速学手册》,张彬主编,中国电力出版社,2009 年

《桥梁工程实习指导书》,自编,2009 年

建议依据课程标准,以充分体现项目课程设计思想,编写符合基于工作过程、融入轨道交通工程桥梁工程施工职业标准的工学结合教材。

(2)参考杂志

《桥梁建造》,同济大学,中文核心期刊

《工程勘察》,中国建筑学会工程勘察分会,中文核心期刊

《铁道勘察》,中铁工程设计咨询集团有限公司

# 《施工组织与概预算》课程标准

| 课程名称 | 施工组织与概预算 | 英文名称 | Construction Organization and the General Budget |
|---|---|---|---|
| 参考学时 | 60 | 学分 | 3.5 |

## 1. 前言

### 1.1 课程性质

本课程是高职高专轨道交通工程技术专业的专业主干课程,其目标在于培养学生在轨道交通工程方面的施工组织管理能力,为以后的城轨等工程施工管理工作打下坚实基础。通过本课程的学习,学生应具备如下知识和技能:掌握城轨工程建设管理的基本知识,编制分部(分项)、单位工程的施工组织设计,阅读理解工程概预算文件。同时培养学生的精益求精、吃苦耐劳、团结协作的"铺路石"品格的职业素质和日后从事轨道工程工作所需的方法能力和社会能力。

本课程以《桥梁工程施工》、《地下铁道施工技术》等课程为基础,是轨道交通工程技术的主要专业课之一。

### 1.2 设计思路

本课程的总体设计思路是:紧扣城市轨道交通工程技术专业的人才培养方案,以"四个合作"为指导,共同进行课程建设和课程教学。打破以知识传授为主要特征的传统的课程教学模式,转变为以工程项目、工作任务为中心组织课程内容,并将职业素质培养、专业素质融入课程,实施教学做一体化法和过程性评价方法,以此发展学生的职业能力和职业素养。

在课程内容设计上,邀请行业企业专家对城市轨道交通工程技术专业的专业背景、专业所涵盖的岗位群进行工作任务和职业能力分析,以及支撑专业核心能力的课程分析,并以此为依据确定本课程的工程项目、工作任务和课程内容。根据轨道交通基础工程所涉及的施工组织与概预算相关知识和技能要求,设计若干个项目,再将每个项目具体细化,划分为若干个工作任务。项目编排的思路是由简单到复杂,而每个项目的工作任务的编排,则是按照实际工作过程进行编排。

在课程教学方法和教学手段设计上,以项目组织教学,并让学生在完成具体项目的过程中学会完成相应工作任务,根据高职学生的认知规律和知识基础,实施情境化和理实一体化教学,使学生做到"学中做,做中学"并以此锻炼学生自主探索、合作学习的能力。

在教学效果考核上,采取过程评价与结果评价相结合的方式,重点考核学生的职业能力。

## 2. 课程目标

### 2.1 专业能力

要求学生能熟练施工组织与概预算的相关专业知识。

(1)能熟悉掌握工程项目施工的成本管理。

(2)能熟悉掌握施工网络计划技术。

(3)能熟悉掌握施工组织设计。

(4)能熟悉工程定额及概预算。

2.2　学习能力

学生能根据不同的工程施工对象，会学习编制施工组织设计，自主编制横道图、网络图进度计划，学习阅读和理解工程概预算文件。

2.3　社会能力

通过项目训练，提高学生团结协作、吃苦耐劳、实事求是、诚信为本的能力；培养学生与人沟通、协调工作的能力；增强学生事故保护、安全防范意识。

**3. 课程内容和要求**

根据专业课程目标和涵盖的工作任务要求，确定课程内容和要求，说明学生应获得的知识、技能与态度。

根据以上设计思路和课程目标，本课程教学设计的项目、工作任务以及对应的学时数如下。

| 项目名称 | 学习情境 | 知识、技能内容与要求 | 教学活动设计 | 参考学时 |
|---|---|---|---|---|
| 项目1　工程项目施工的成本管理 | 情境1　工程项目施工成本管理的基本理论 | ①成本预测与计划；<br>②成本控制 | 根据一个实际工程项目讲解工程项目施工成本管理的基本理论 | 3 |
| | 情境2　施工项目成本核算与分析 | ①成本核算；<br>②成本分析 | 利用案例来讲解成本的核算与分析 | 4 |
| 项目2　网络计划技术 | 情境1　网络计划的基本概念 | ①单代号网络计划；<br>②双代号网络计划；<br>③网络图的绘制 | 案例分析，给学生布置任务进行练习 | 6 |
| | 情境2　网络计划时间参数的计算 | ①双代号网络计划时间参数的计算；<br>②双代号时标网络计划 | 通过案例讲解绘制方法与注意事项，然后给学生布置任务进行练习 | 6 |
| | 情境3　网络计划的优化 | ①工期优化；<br>②费用优化；<br>③资源优化 | 通过案例分析如何进行优化，学生进行练习 | 4 |
| 项目3　施工组织设计 | 情境1　施工组织设计的概念 | ①施工组织设计的分类；<br>②编制施工组织设计应该注意的问题 | 列举实际例子进行分析讲解 | 6 |
| | 情境2　施工组织设计的编制 | ①设计单位的编制工作；<br>②施工组织的编制工作；<br>③单项工程施工组织设计的特点 | 结合一个编制好的实际工程的施工组织设计的例子讲解（获得鲁班奖的） | 6 |
| 项目4　工程定额及概预算 | 情境1　工程定额 | ①工程定额的基本概念；<br>②定额的测定；<br>③基本定额与施工定额；<br>④工程造价定额；<br>⑤预算定额 | 通过定额规范，进行讲解基本概念，通过案例分析其应用 | 10 |
| | 情境2　工程概预算 | ①概预算编制方法；<br>②概预算费用的组成和计算 | 结合实际算例讲解概预算的编制及费用的组成与计算，学生练习 | 6 |

**4. 实施建议**

4.1　教学条件

(1)软硬件条件

采用多媒体网络教学,授课及视频教学相结合。

(2)师资条件

组成一支职称结构、学历结构、年龄结构、专兼比例合理的课程教学"双师"结构师资队伍。主讲教师具有硕士以上学历和中级以上职称,能综合实施项目教学法、任务驱动法、引导文法等各种行动导向教学法,能较好掌握计算机技术、网络技术等新知识新技能,并具有相关职业资格技能证书,动手能力强;辅助教师应具有较强的职业技能,具有较丰富的企业一线工作经验,具有高级工以上职业资格证书。

4.2　教学方法

贯彻"以学生为中心"的教学理念,实施行动导向教学方法,学生以小组形式,在教师的引导下通过项目的完成,达到专业知识学习和专业技能训练的目的。创造学习环境,创设有利于学生对知识意义构建的教学情境,在教学情境下使学生能够独立思考、共同探索、协作完成,使老师从知识传授者的角色转为学生学习过程的组织者、咨询者和指导者,使教学过程向学生自觉学习过程转化。每项工作任务完成后,各小组就提交一份成果报告。

针对不同的学习情境,选用不同特点的教学方法,建议采用教学方法如下。

| 项目名称 | 学习情境 | 建议的教学方法 |
|---|---|---|
| 项目1　工程项目施工的成本管理 | 情境1　工程项目施工成本管理的基本理论 | 引导文教学法 |
| | 情境2　施工项目成本核算与分析 | 案例教学法 |
| 项目2　网络计划技术 | 情境1　网络计划的基本概念 | 引导文教学法 |
| | 情境2　网络计划时间参数的计算 | 案例教学法 |
| | 情境3　网络计划的优化 | 案例教学法 |
| 项目3　施工组织设计 | 情境1　施工组织设计的概念 | 案例教学法 |
| | 情境2　施工组织设计的编制 | 项目教学法 |
| 项目4　工程定额及概预算 | 情境1　工程定额 | 引导文教学法 |
| | 情境2　工程概预算 | 案例教学法 |

4.3　教学评价

由注重知识考核,变革为注重能力考核,采用形成性考核评价方法。

(1)期末考试占50%,四大项目共占50%。

(2)项目评价采用教师评价和学生自评相结合的形式,即"组长系数制"。每项项目完成后,由各小组提交一份成果报告,内容越丰富越有内涵,全组加分越高;适当时候进行小组答辩,对项目实施能提出新的观点及一些好的建议或相关案例的,适当加分。这样教师先给出各小组得分;组长再根据组员在工作完成中所起的作用和表现状况,初定组员系数(0.8~1.1);再经教师和班干部、组长开"碰头会",对系数进行调整确认;最后小组分乘系数,得各组员的得分。

**5. 参考资料**

(1)参考教材

《城市轨道交通工程施工组织设计与概预算》,张冰等主编,中国铁道出版社,2010 年

《铁路工程施工组织》,吴安保主编,人民交通出版社,2009 年

《铁路工程施工组织管理与概预算》,向群主编,中国铁道出版社,2007 年

建议依据课程标准,以充分体现项目课程设计思想,编写符合基于工作过程、融入工程机械职业标准的工学结合教材。

(2)参考杂志

《西南交通大学学报》,西南交通大学,中文核心期刊

《铁道科学学报》,中南大学,中文核心期刊

# 《轨道养护与维修》课程标准

| 课程名称 | 轨道养护与维修 | 英文名称 | Track Maintenance and Repair |
|---|---|---|---|
| 参考学时 | 30 | 学分 | 2 |

**1. 前言**

1.1　课程性质

本课程是高职高专轨道交通工程技术专业的专业核心课程，其目标在于培养学生在轨道交通工程中轨道检测、养护维修专项能力，从事相关轨道检测与养护等的专项职业能力，达到本专业学生掌握城轨工程轨道检测与养护等基本技能要求，同时培养学生的精益求精、吃苦耐劳、团结协作的"铺路石"品格的职业素质和日后从事轨道工程工作所需的方法能力和社会能力。

本课程以《城市轨道交通概论》、《轨道工程》等课程的学习为基础。

1.2　设计思路

本课程的总体设计思路是：紧扣城市轨道交通工程技术专业的人才培养方案，围绕"四个合作"，"以市场需求为导向，以职业能力为核心"，校企共同进行课程建设和课程教学。打破以知识传授为主要特征的传统学科课程模式，转变为以工程项目、工作任务为中心组织课程内容，并将职业素质培养、职业资格考证标准融入课程，实施教学做一体化法和过程性评价方法，以此发展学生的职业能力和职业素养。

在课程内容设计上，邀请行业企业专家对城市轨道交通工程技术专业的专业背景、专业所涵盖的岗位群进行工作任务和职业能力分析，以及支撑专业核心能力的课程分析，并以此为依据确定本课程的工程项目、工作任务和课程内容。根据轨道交通工程所涉及的轨道及地基施工、养护相关知识和技能要求，设计若干个项目，再将每个项目具体细化，划分为若干个学习情境。

在课程教学方法和教学手段设计上，以项目组织教学，并让学生在完成具体项目的过程中学会完成相应工作任务，根据高职学生的认知规律和知识基础，实施情境化和理实一体化教学，利用"轨道检测实验室"、"轨道工程养护室"、校内室外轨道综合实训场及校外现场实习基地，并以此锻炼学生实际解决问题的能力。

在教学效果考核上，采取过程评价与结果评价相结合的方式，重点考核学生的职业能力。

**2. 课程目标**

2.1　专业能力

要求学生能熟练掌握轨道检测与养护技能，能够进行检测与养护工作。

(1)熟悉轨道养护维修工作的原则。

(2)理解轨道养护力学。

(3)熟悉养护机械。

(4)掌握线路检查、检测技术及养护维修与管理。

(5)理解线路维修验收标准与质量评定。

2.2　学习能力

通过本课程的学习，发散学生思维，培养学生的自主学习的能力以及动手能力。

### 2.3 社会能力

通过实习，提高学生团结协作、吃苦耐劳、实事求是、诚信为本的能力；培养学生与人沟通、协调工作的能力；增强学生事故保护、安全防范意识。

## 3. 课程内容和要求

根据专业课程目标和涵盖的工作任务要求，确定课程内容和要求，说明学生应获得的知识、技能与态度。

根据以上设计思路和课程目标，本课程教学设计的项目、学习情境以及对应的学时数如下。

| 项目名称 | 学习情境 | 知识、技能内容与要求 | 教学活动设计 | 参考学时 |
| --- | --- | --- | --- | --- |
| 项目1　线路维护工作的原则 | 情境1　线路维修工作原则及综合维修系统 | ①工作原则；<br>②综合维修系统 | 根据现行的工作原则及综合维护系统并结合校内实训系统进行讲解 | 2 |
| | 情境2　维修管理与作业安全 | ①维修管理；<br>②作业安全 | 结合实际工作案例的管理与安全进行讲解 | 2 |
| 项目2　轨道养护力学 | 情境1　养护作业 | ①轨道运营受力状态；<br>②捣固力学 | 结合前面讲解过的轨道结构力学进行讲解 | 2 |
| | 情境2　钢轨打磨与上弯 | ①钢轨打磨；<br>②钢轨的上弯 | 结合前面讲解过的轨道结构力学进行讲解 | 2 |
| 项目3　养护机械 | 情境1　养护机械设备 | ①大型养护机械；<br>②小型养护机械 | 利用轨道养护实训室，进行现场讲解 | 4 |
| 项目4　线路检查、检测技术及养护维修与管理 | 情境1　线路检查、检测技术 | ①轨道部件常见病害检测；<br>②轨道形位动静态检测；<br>③钢轨探伤；<br>④无缝线路检测；<br>⑤路基、桥梁、隧道等检测 | 利用轨道养护设备、校内室外轨道综合实训场讲解，并学生现场操作 | 8 |
| | 情境2　线路养护维修与管理 | ①轨道部件常见病害维护；<br>②轨道几何不平顺的维护；<br>③钢轨探伤维修；<br>④无缝线路养护；<br>⑤路基、桥梁、隧道等维护 | 利用轨道养护设备、校内室外轨道综合实训场讲解，并学生现场操作 | 6 |
| 项目5　线路维修验收标准与质量评定 | 情境1　验收标准 | ①轨下结构；<br>②钢轨；<br>③连接零件；<br>④道岔；<br>⑤附属结构 | 给出现行的技术标准，然后进行分析讲解 | 2 |
| | 情境2　质量评定 | ①轨下结构；<br>②钢轨；<br>③连接零件；<br>④道岔；<br>⑤附属结构 | 根据技术标准，结合实际工程进行分析讲解 | 2 |

**4. 实施建议**

4.1 教学条件

(1)软硬件条件

配备有电脑网络多媒体教学系统的教室;轨道工程检测室;轨道工程养护室;室外轨道综合实训场。

(2)师资条件

组成一支职称结构、学历结构、年龄结构、专兼比例合理的课程教学"双师"结构师资队伍。主讲教师具有硕士以上学历和中级以上职称,能综合实施项目教学法、任务驱动法、引导文法等各种行动导向教学法,能较好掌握计算机技术、网络技术等新知识新技能,并具有相关职业资格技能证书,动手能力强;实习实训带队教师应具有较强的职业技能,具有较丰富的企业一线工作经验,具有高级工以上职业资格证书。

4.2 教学方法

贯彻"以学生为中心"的教学理念,实施行动导向教学方法,学生以小组形式,在教师的引导下通过项目的完成,达到专业知识学习和专业技能训练的目的。创造学习环境,创设有利于学生对知识意义构建的教学情境,在教学情境下使学生能够独立思考、共同探索、协作完成,使老师从知识传授者的角色转为学生学习过程的组织者、咨询者和指导者,使教学过程向学生自觉学习过程转化。每项工作任务完成后,各小组就提交一份成果报告。

针对不同的学习情境,选用不同特点的教学方法,建议采用教学方法如下。

| 项 目 名 称 | 学 习 情 境 | 建议的教学方法 |
|---|---|---|
| 项目1 线路维护工作的原则 | 情境1 线路维修工作原则及综合维修系统 | 项目教学法、引导文教学法 |
| | 情境2 维修管理与作业安全 | 项目教学法、引导文教学法 |
| 项目2 轨道养护力学 | 情境1 养护作业 | 项目教学法、问题导向教学法 |
| | 情境2 钢轨打磨与上弯 | 项目教学法、问题导向教学法 |
| 项目3 养护机械 | 情境1 养护机械设备 | 范例教学法 |
| 项目4 线路检查、检测技术及养护维修与管理 | 情境1 线路检查、检测技术 | 项目教学法、范例教学法 |
| | 情境2 线路养护维修与管理 | 项目教学法、范例教学法 |
| 项目5 线路维修验收标准与质量评定 | 情境1 验收标准 | 项目教学法、引导文教学法 |
| | 情境2 质量评定 | 项目教学法、引导文教学法 |

4.3 教学评价

由注重知识考核,变革为注重能力考核,采用形成性考核评价方法。

(1)期末考查占50%,五大项目共占50%。

(2)项目评价采用教师评价和学生自评相结合的形式,即"组长系数制"。每项项目完成后,由各小组提交一份成果报告,内容越丰富越有内涵,全组加分越高;适当时候进行小组答辩,对项目实施能提出新的观点及一些好的建议或相关案例的,适当加分。这样教师先给出各小组得分;组长再根据组员在工作完成中所起的作用和表现状况,初定组员系数(0.8~1.1);再经教师和班干部、组长开"碰头会",对系数进行调整确认;最后小组分乘系数,得各组员的得分。

**5. 参考资料**

(1)参考教材

《城市轨道工务管理》,石嵘等主编,中国铁道出版社,2008 年

《高速铁路轨道施工与维护》,文妮主编,西南交通大学出版社,2010 年

《轨道工程》,陈秀方主编,中国建筑工业出版社,2005 年

《铁道线路工程施工》,韩峰主编,中国铁道,2006 年

《轨道工程实习指导书》,自编,2010 年

建议依据课程标准,以充分体现项目课程设计思想,编写符合基于工作过程、融入轨道交通工程轨道工程与铁路路基工程职业标准的工学结合教材。

(2)参考杂志

《中国铁道科学》,中国铁道科学研究院,中文核心期刊

《城市轨道交通研究》,同济大学,中文核心期刊

《铁道勘察》,中铁工程设计咨询集团有限公司

《现代城市轨道交通》,铁道部科学技术信息所

# 《工程爆破》课程标准

| 课程名称 | 工程爆破 | 英文名称 | Engineering Blast |
|---|---|---|---|
| 参考学时 | 30 | 学分 | 2.0 |

## 1. 前言

### 1.1 课程性质

本课程是高职高专轨道交通工程技术专业的专业基础课程，其目标在于培养学生掌握与专业配套的工程爆破职业能力，为今后到从事隧道、地下工程等的设计、施工打下基础。通过本课程的学习，学生应具备如下知识和技能：掌握爆破基本理论和基本技能，具有初步从事工程爆破设计、生产组织与管理的能力，并为后继专业课有关工程爆破内容的学习奠定基础。

本课程以《工程地质》等课程学习为基础，也是进一步学习《地下铁道施工技术》等后续专业课程的基础。

### 1.2 设计思路

本课程的总体设计思路是：紧扣城市轨道交通工程技术专业的人才培养方案，以“四个合作”为指导，共同进行课程建设和课程教学。打破以知识传授为主要特征的传统的课程教学模式，转变为以工程项目、工作任务为中心组织课程内容，并将职业素质培养、专业素质融入课程，实施教学做一体化法和过程性评价方法，以此发展学生的职业能力和职业素养。

在课程内容设计上，邀请行业企业专家对城市轨道交通工程技术专业的专业背景、专业所涵盖的岗位群进行工作任务和职业能力分析，以及支撑专业核心能力的课程分析，并以此为依据确定本课程的工程项目、工作任务和课程内容。根据轨道交通工程所涉及的工程爆破相关知识和技能要求，设计若干个项目，再将每个项目具体细化，划分为若干个工作任务。项目编排的思路是由简单到复杂，而每个项目的工作任务编排，则按照实际工作过程进行。

在课程教学方法和教学手段设计上，以项目组织教学，并让学生在完成具体项目的过程中学会完成相应工作任务，根据高职学生的认知规律和知识基础，实施情境化和理实一体化教学，使学生做到“学中做，做中学”并以此锻炼学生自主探索、合作学习的能力。

在教学效果考核上，采取过程评价与结果评价相结合的方式，重点考核学生的职业能力。

## 2. 课程目标

### 2.1 专业能力

(1)能够掌握工程爆破的基本概念和基本原理。

(2)具备从事工程爆破技术设计的基本能力。

(3)具备从事工程爆破施工的基本能力。

(4)具备从事工程爆破安全管理和安全评价的基本能力。

### 2.2 学习能力

学生能根据不同的爆破对象和爆破要求，会学习选择不同的工业炸药、起爆器材，并学习爆破方法设计和爆破施工组织。

### 2.3 社会能力

通过项目训练，提高学生吃苦耐劳、团结协作、实事求是、精益求精、诚信为本的能力；培养学生与人沟通、协调工作的能力；增强学生事故保护、安全防范意识。

**3. 课程内容和要求**

根据专业课程目标和涵盖的工作任务要求,确定课程内容和要求,说明学生应获得的知识、技能与态度。

根据以上设计思路和课程目标,本课程教学设计的项目、学习情境以及对应的学时数如下。

| 项目名称 | 学 习 情 境 | 知识、技能内容与要求 | 教学活动设计 | 参考学时 |
|---|---|---|---|---|
| 项目1 爆破器材管理 | 情境1 起爆器材收发、运输、库管 | ①起爆器材;<br>②按规定完成起爆器材的起爆器材收发、运输、库管 | 到模拟器材室进行 | 2 |
| | 情境2 炸药收发、运输、库管 | ①炸药;<br>②炸药收发、运输、库管 | 课堂讨论:炸药收发、运输、库管 | 2 |
| | 情境3 爆破施工机具 | 工程爆破施工机具 | 到施工机具室进行 | 2 |
| 项目2 地下工程爆破施工 | 情境1 起爆方法选择 | 根据爆破对象和爆破要求,合理选择 | 给出一个工程实例及爆破要求 | 2 |
| | 情境2 起爆器材、炸药选择 | 根据爆破对象和起爆方法,合理选择 | 给出一个工程实例及爆破要求 | 4 |
| | 情境3 地下工程爆破参数设计 | ①地下工程爆破方法;<br>②根据地下工程围岩条件设计爆破参数 | 给出一个工程实例及爆破要求 | 12 |
| 项目3 爆破安全技术与施工组织 | 情境1 爆破安全管理 | ①爆破工程中常见的安全事故;<br>②爆破安全监测;<br>③爆破安全管理 | 给出一个工程实例,总结爆破工程中常见的安全事故 | 4 |
| | 情境2 爆破施工组织设计 | ①爆破施工组织;<br>②爆破施工项目管理 | 给出一个工程实例,讲解工程爆破施工组织及项目管理 | 2 |

**4. 实施建议**

4.1 教学条件

(1)软硬件条件

采用多媒体网络教学,授课及视频教学相结合,课程教学与工程实践相结合。

(2)师资条件

组成一支职称结构、学历结构、年龄结构、专兼比例合理的课程教学"双师"结构师资队伍。主讲教师具有硕士以上学历和中级以上职称,能综合实施项目教学法、任务驱动法、引导文法等各种行动导向教学法,能较好掌握计算机技术、网络技术等新知识新技能,并具有相关职业资格技能证书,动手能力强;辅助教师应具有较强的职业技能,具有较丰富的企业一线工作经验,具有高级工以上职业资格证书。

4.2 教学方法

贯彻"以学生为中心"的教学理念,实施行动导向教学方法,学生以小组形式,在教师的引导下通过项目的完成,达到专业知识学习和专业技能训练的目的。创造学习环境,创设有利于学生对知识意义构建的教学情境，在教学情境下使学生能够独立思考、共同探索、协作完成，使老师从知识传授者的角色转为学生学习过程的组织者、咨询者和指导者，使教学过程向学生自觉学习过程转化。每项工作任务完成后，各小组就提交一份成果报告。

针对不同的学习情境，选用不同特点的教学方法，建议采用教学方法如下。

| 项目名称 | 学习情境 | 建议的教学方法 |
|---|---|---|
| 项目1　爆破器材管理 | 情境1　起爆器材收发、运输、库管 | 引导文教学法、案例教学法 |
| | 情境2　炸药收发、运输、库管 | 引导文教学法、案例教学法 |
| | 情境3　爆破施工机具 | 项目教学法 |
| 项目2　地下工程爆破施工 | 情境1　起爆方法选择 | 案例教学法 |
| | 情境2　起爆器材、炸药选择 | 案例教学法 |
| | 情境3　地下工程爆破参数设计 | 项目教学法、案例教学法 |
| 项目3　工程爆破施工管理 | 情境1　爆破安全管理 | 项目教学法、案例教学法 |
| | 情境2　爆破施工组织设计 | 引导文教学法、项目教学法 |

4.3　教学评价

由注重知识考核，变革为注重能力考核，采用形成性考核评价方法。

(1)期末考试占50%，三大项目共占50%。

(2)项目评价采用教师评价和学生自评相结合的形式，即“组长系数制”。每项项目完成后，由各小组提交一份成果报告，内容越丰富越有内涵，全组加分越高；适当时候进行小组答辩，对项目实施能提出新的观点及一些好的建议或相关案例的，适当加分。这样教师先给出各小组得分；组长再根据组员在工作完成中所起的作用和表现状况，初定组员系数(0.8～1.1)；再经教师和班干部、组长开“碰头会”，对系数进行调整确认；最后小组分乘系数，得各组员的得分。

**5.参考资料**

(1)参考教材

《工程爆破》(高职高专)，庞旭卿主编，西南交通大学出版社，2011年

《工程爆破理论与技术》，中国工程爆破协会编，冶金工业出版社，2004年

《爆破工程施工与安全》，中国工程爆破协会编，冶金工业出版社，2004年

《工程爆破操作员读本》，中国工程爆破协会编，冶金工业出版社，2004年

《爆破安全技术知识问答》，顾毅成主编，冶金工业出版社，2006年

《爆破工程》，王玉杰主编，武汉理工大学出版社，2007年

《拆除爆破理论与工程实例》，汪旭光等编著，人民交通出版社，2008年

(2)参考杂志

《爆破》，湖北省爆破学会、武汉理工大学

《工程爆破》，中国工程爆破协会

《爆破器材》，中国民用爆破器材学会

《爆炸与冲击》，中国力学学会

《探矿工程(岩土钻掘工程)》，中国地质调查局

《岩土工程学报》，中国水利学会等六学会

《岩石力学与工程学报》，中国岩石力学与工程学会

# 《交通建设安全法律法规》课程标准

| 课程名称 | 交通建设安全法律法规 | 英文名称 | Transportation Construction Safety Laws and Regulations |
|---|---|---|---|
| 参考学时 | 34 | 学分 | 2 |

**1. 前言**

1.1　课程性质

本课程是高职高专轨道交通工程技术专业的专业课程，其目标在于培养学生在轨道交通工程建设安全法律法规的基本素质，为学生从事轨道交通工程建设安全工作等。同时培养学生的精益求精、吃苦耐劳、团结协作的“铺路石”品格和“航标灯”精神的职业素质和日后从事轨道工程工作所需的方法能力和社会能力。

本课程以《修养与法律基础》以及专业课程等课程的学习为基础。

1.2　设计思路

本课程的总体设计思路是：紧扣城市轨道交通工程技术专业的人才培养方案，围绕“以企业需求为导向，以职业能力为核心”，共同进行课程建设和课程教学。打破以知识传授为主要特征的传统学科课程模式，转变为以工程项目、工作任务为中心组织课程内容，并将职业素质培养、职业资格考证标准融入课程，实施教学做一体化法和过程性评价方法，以此发展学生的职业能力和职业素养。

在课程内容设计上，邀请行业企业专家对城市轨道交通工程技术专业的专业背景、专业所涵盖的岗位群进行工作任务和职业能力分析，以及支撑专业核心能力的课程分析，并以此为依据确定本课程的工程项目、工作任务和课程内容。根据轨道交通工程所涉及的建设安全法律法规相关知识和技能要求，设计若干个项目，再将每个项目整合成案例。

在课程教学方法和教学手段设计上，以项目案例组织教学，并让学生在完成具体项目案例的过程中学会完成相应工作任务，根据高职学生的认知规律和知识基础，实施情境化和理实一体化教学，并进行案例讨论与分析，并以此锻炼学生实际解决问题的能力。

在教学效果考核上，采取过程评价与结果评价相结合的方式，重点考核学生的职业能力。

**2. 课程目标**

2.1　专业能力

要求学生能熟练掌握轨道工程建设安全法律法规的基本技能，能够进行轨道工程建设安全的基本工作。

(1)安全生产法律法规的基本理论。

(2)安全生产体系。

(3)工程事故处理。

2.2　学习能力

通过本课程的学习，发散学生思维，培养学生的自主学习的能力以及分析问题的能力。

通过实习，提高学生团结协作、吃苦耐劳、实事求是、诚信为本的能力；培养学生与人沟通、协调工作的能力；增强学生事故保护、安全防范意识。

**3. 课程内容和要求**

根据专业课程目标和涵盖的工作任务要求，确定课程内容和要求，说明学生应获得的知识、技能与态度。

根据以上设计思路和课程目标，本课程教学设计的项目、学习情境以及对应的学时数如下。

| 项目名称 | 学 习 情 境 | 知识、技能内容与要求 | 教学活动设计 | 参考学时 |
|---|---|---|---|---|
| 项目1 安全生产法律法规的基本理论 | 情境1 安全生产的基本概念 | ①什么是安全生产；<br>②什么是安全生产法 | 给定一个安全生产的范例，根据范例分析是否存在安全隐患问题，是否违反安全生产法，从而导出安全教育的重要性，以及掌握安全生产法的必要性 | 2 |
| | 情境2 工程建设安全的相关的法律法规 | ①基本通用法律；<br>②行业特定法规 | 通过实例详细学习安全生产的基本法律法规 | 8 |
| 项目2 安全生产体系 | 情境1 工程建设安全生产管理 | ①工程建设安全责任制；<br>②安全教育与培训；<br>③安全检查与监督 | 结合工程实际，制定安全生产责任制，划清参与方各自的职责；编制安全教育、安全操作规程；通过实际案例，编制施工现场安全检查及监督的实施步骤及方法 | 2 |
| | 情境2 施工现场安全管理 | ①组织管理；<br>②技术管理；<br>③场地设施安全管理；<br>④安全纪律管理 | 结合工程的安全生产实例进行讲解 | 6 |
| 项目3 工程事故处理 | 情境1 工程事故的基本概念 | ①工程事故的概念；<br>②工程事故分类；<br>③工程事故的调查 | 给定一个安全事故的范例，根据事故发生的现状分析事故的种类，制定出安全事故调查的步骤、方法及事故处理的措施 | 6 |
| | 情境2 工程施工处理的法律法规 | 如何利用法律法规处理工程事故 | 通过一起安全事故纠纷，仔细剖析事故责任方各自的义务及权利，在分析事故责任后拟定通过法律手段解决工程事故的方法 | 10 |

**4. 实施建议**

4.1 教学条件

(1)软硬件条件

配备有电脑网络多媒体教学系统的教室。

(2)师资条件

组成一支职称结构、学历结构、年龄结构、专兼比例合理的课程教学“双师”结构师资队伍。主讲教师具有硕士以上学历和中级以上职称，能综合实施项目教学法、任务驱动法、引导文法等各种行动导向教学法，能较好掌握计算机技术、网络技术等新知识新技能，并具有相关职业资格技能证书，动手能力强；试验与实习带队教师应具有较强的职业技能，具有较丰富的企业一线工作经验,具有高级工以上职业资格证书。

4.2 教学方法

贯彻"以学生为中心"的教学理念,实施行动导向教学方法,学生以小组形式,在教师的引导下通过项目案例讨论的完成,达到专业知识学习和专业技能训练的目的。创造学习环境,创设有利于学生对知识意义构建的教学情境,在教学情境下使学生能够独立思考、共同探索、协作完成,使老师从知识传授者的角色转为学生学习过程的组织者、咨询者和指导者,使教学过程向学生自觉学习过程转化。每项工作任务完成后,各小组就提交一份成果报告。

针对不同的学习情境,选用不同特点的教学方法,建议采用教学方法如下。

| 项目名称 | 学习情境 | 建议的教学方法 |
|---|---|---|
| 项目1 安全生产法律法规的基本理论 | 情境1 安全生产的基本概念 | 项目教学法、引导文教学法 |
| | 情境2 工程建设安全的相关的法律法规 | 项目教学法、引导文教学法 |
| 项目2 安全生产体系 | 情境1 工程建设安全生产管理 | 案例教学法、问题导向教学法 |
| | 情境2 施工现场安全管理 | 案例教学法、问题导向教学法 |
| 项目3 工程事故处理 | 情境1 工程事故的基本概念 | 项目教学法、案例教学法 |
| | 情境2 工程施工处理的法律法规 | 项目教学法、案例教学法 |

4.3 教学评价

由注重知识考核,变革为注重能力考核,采用形成性考核评价方法。

(1)期末考查占40%,三大项目共占60%。

(2)项目评价采用教师评价和学生自评相结合的形式,即"组长系数制"。每项项目完成后,由各小组提交一份成果报告,内容越丰富越有内涵,全组加分越高;适当时候进行小组答辩,对项目实施能提出新的观点及一些好的建议或相关案例的,适当加分。这样教师先给出各小组得分;组长再根据组员在工作完成中所起的作用和表现状况,初定组员系数(0.8~1.1);再经教师和班干部、组长开"碰头会",对系数进行调整确认;最后小组分乘系数,得各组员的得分。

**5. 参考资料**

(1)参考教材

《建设工程安全生产法律法规》,建设部工程质量安全监督与行业发展司组织编著,中国建筑工业出版社,2008 年

《建设工程安全生产法律法规》,中国建筑工业出版社,2008 年

建议依据课程标准,以充分体现项目课程设计思想,编写符合基于工作过程、融入轨道交通工程及其他土木工程安全职业标准的工学结合教材。

(2)参考杂志

《施工技术》,亚太建设科技信息研究院等

《城建档案》,住房和城乡建设部